빛깔있는 책들 ●●●
269

# 커피

글 | 조윤정 · 사진 | 김정열

대원사

NERO

# 커피

## 글 | 조윤정

경남 밀양의 작은 시골 농가에서 태어났다. 성심여대 사회학과 및 연세대학교 사회학과 대학원을 거쳐 1년여 대학 연구소에서 일했다. 문화연구, 여성학, 글쓰기에 관심을 두었으며 특히나 삶의 현장이 늘 좋았다. 영국으로 건너가 다큐멘터리를 공부하던 중 커피를 만났고, 커피의 매력에 빠졌다. 그 후 오랜 역사를 지닌 영국의 커피회사에 취직하여 3년 가까이 일하며 커피와 로스팅을 배웠다.
현재 이화여대, 파주 여성회관 커피전문가과정 및 커피스트 아카데미를 운영하고 있으며 광화문 신문로에서 '커피스트' 라는 커피가게를 하고 있다.
그는 커피로 사람들과 더불어 사랑하고 나누며 즐겁게 노는 것이 바로 문화라고 믿고 있다.

"대원사를 찾아 남산으로 첫 발걸음을 시작했던 때로부터 4년여의 시간이 흘렀다. 그동안 글을 더 많이 썼거나 공부를 더 많이 했다기 보다, 더 많은 사람을 만나 보다 많은 커피를 마셨으며 사색이 깊어졌을 따름이다. 지금의 커피스트까지 네 번의 공간 이동이 있었으며 편집자가 세 번이나 바뀌었다. 무엇보다도 오랫동안 기다려 주신 김분하 선생님과 대원사의 이세형님, 이수현님께 감사의 말씀을 전한다. 사진을 협찬해 주신 조이아무역의 신승국 사장님과 그림을 그려 주신 라선영님, 임정은님, 내 몸과 같은 커피스트 가족들과 변함없이 사진 작업을 해 주신 김정열 선생님께도 깊은 감사를 드린다.
늘 마음으로 응원해 주신 어머니들과 사랑하는 나의 가족, 남편과 우진이에게 진심으로 감사의 마음을 전하며, 늘 함께 해준 '커피' 야 고맙다!"

## 사진 | 김정열

커피 사진 프리랜서. 커피가 좋아 커피를 배우고 즐기며, 집에서 직접 커피를 볶고 갈아서 마시는 진정한 커피 마니아다. 사진은 예전부터 해온 그의 취미. 좋아하는 커피를 오랜 취미인 사진과 함께 할 수 있다는 데에 매력을 느낀 그는, 현재 국내 커피 기행 관련 책을 출간하기 위해 카메라를 메고 전국 커피 전문점을 취재 다니고 있다.

빛깔있는 책들 203-35

# 커 피

## 차 례

# 왜 커피인가

*고민이 있으면 카페로 가자*

*그녀가 이유도 없이 만나러 오지 않으면 카페로 가자*

*장화가 찢어지면 카페로 가자*

*월급이 4백 크로네인데 5백 크로네 쓴다면 카페로 가자*

*바르고 얌전하게 살고 있는 자신이 용서가 되지 않으면 카페로 가자*

*좋은 사람을 찾지 못한다면 카페로 가자*

*언제나 자살하고 싶다고 생각하면 카페로 가자*

*사람을 경멸하지만 사람이 없어 견디지 못한다면 카페로 가자*

*이제 어디서도 외상을 안 해주면 카페로 가자*

*방랑작가 페터 알텐베르크*

## 커피, 멋과 낭만에 관하여

커피의 무엇이 우리를 그토록 매혹하는 것일까? 그 고혹적인 향과 색 때문일까? 잊을 수 없는 맛 때문일까? 아니면 사람들 사이에 뿌리를 내린 카페문화 때문일까?

왜 찻집이나 초콜릿이나 음료를 파는 가게가 아닌 커피숍이 사람들의 생활문화로 뿌리를 내린 것일까? 그 이유를 찾기 위해 주변의 사람들에게 '커피' 하면 떠오르는 단어를 질문했다. 대답은 놀랍게도 커피가 주는 느낌이나 이미지, 그리고 커피를 즐기는 분위기와 관련된 것들이 대부분이었다.

커피의 블랙이 주는 느낌과 관련하여 인생, 쓴맛, 깜깜함, 미묘함이 언급되었고, 많은 이들이 근사한 카페의 분위기와 관련하여 낙엽, 가을, 그리움, 추억, 휴식, 사람, 만남, 여행, 길, 창가, 나무와 거리를 이미지화했다.

그리고 또 커피의 향기를 기억했다. 커피를 통해 지나간 사랑을 떠올리며 아득해하고 옛사랑을 추억한다. 그러다가도 언제 그랬냐는 듯이 근사한 카페에서 새로운 만남을 시작한다. 사랑의 여정처럼 그렇게, 길 위에 선 여행객처럼 그렇게, 인생의 미묘한 순간들에 그렇게, 커피가 있다. 향긋한 내음을 통해 인생의 황홀한 기쁨을 맛보기도 하고 쓰디쓴 한 잔의 커피를 음미하며 고독에 휩싸이는 그 어떤 순간에도 커피는, 근사한 그 무엇인 것이다. 커피가 아무리 일상이 되어도, 간편하고 쉬운 그 무엇이 되어도, 커피에는 영원히 지나칠 수 없는 낭만이 도사리고 있다. 이는 커피

가 바쁜 인생의 순간에 잠시 쉬었다 가는 휴식이자 쉼이자 여유인 까닭이다. 늘 자유롭고픈 우리의 삶의 욕구를 충족시켜주는 초석인 까닭이다. 무디어진 감성을 일깨우는 떨림이기 때문이다. 커피는.

## 각성의 힘, 카페인

커피에 빼놓을 수 없는 게 있다면 그것은 바로 카페인이다. 커피는 사람들을 유혹하는 감미로운 맛과 향을 지녔을 뿐만 아니라, 몸과 영혼을 자극하고 기운을 고취시킨다. 그 유명한 소년 칼디가 커피를 발견하게 된 까닭도 카페인이 지닌 각성의 효과 때문이었다. 카페인이 주는 각성의 힘은 카페문화와 더불어 자유를 부르짖는 역사의 장 한가운데 커피를 있게 했으며, 시민들의 사교문화를 움트게 했다. 시민운동과 독립운동 그리고 문학과 정치의 담론이 카페에서 이루어졌으며 늘 커피가 그들과 함께 했다.

커피를 마시면 평상시와 다르게 활동적이고 즐겁고 무엇보다 각성되어 있는 상태가 된다. 알코올이 늘 감상적인 슬픔을 촉진하는 데 비해 한 모금의 카페인은 눈물의 분비를 억제한다. 커피의 궁극적인 효능이 각성하게 하는 것이라면 알코올의 궁극적인 효능은 그와는 반대로 잠들게 하는 것이다. 술을 들이키며 이별의 아픔에 눈물을 떨군다면 커피는 아픔을 잊는 힘과, 견디는 인내를 통해 새로운 만남을 꿈꾸게 한다. 또한 『커피 위즈덤』의 작가인 테레사 청은 커피를 차와 비교하면서 커피는 사랑에 생기를 불어넣고 차는 시련의 상처를 어루만진다고 말하고 있다. 이렇게 생기 있고 각성된 자아는 문학과 정치 그리고 인간 정의에 자유를 말하고 혁명을 논하는 공간으로서의 커피숍을 자리매김하게 했다.

# 자기표현의 장, 카페문화

*카페는 나의 집의 장점을 모두 갖추고 단점들을 모두 치워낸 우리집이다. 즐겨 찾아가서는 떠나기가 어렵다. 무엇이든 거의 할 수 있고 아무것도 하지 않아도 좋은 '자유의 터전'이다.*

*『베네치아의 카페 플로리안으로 가자』*, 이광주, 다른세상, 2001

늘 공간적 매력 때문에 이끌려온 카페의 시대가 있었다. 만남의 장소로서의 다방이 그랬고 연인과의 데이트를 위한, 혹은 친한 벗들과의 향기로운 조우를 위한 카페 및 레스토랑의 시대가 그랬다. 맛있는 커피가 아니어도 좋은, 분위기가 압도적이어도 상관없는 공간으로서의 에스프레소 전문점의 시대가 있었다. 에스프레소 전문점의 시대에도 자유로움이나 낭만으로서의 공간적 향유가 있었다. 그 어떤 커피의 변형된 형태에도, 그 어떤 시대적 요구에도 변함없이 사유된 근사한 공간적 개념으로서의 카페가 역사의 장 한가운데 그렇게 우뚝하니 서 있었다.

그라인더

이제 공간의 개념을 넘어선 커피를 위한 시대가 됐다. 온갖 커피전문점을 돌면서 맛있는 에스프레소 한 잔을 만나기 위한 여행이 시작됐고, 자신에게 맞는 드립 커피를 찾아 나서기 시작했다. 바야흐로 미각의 시대가 온 것이다. 묽은 숭늉처럼 내려주는 커피가 싫어 차라리 주스나 콜라를 시킨다. 단순히 유행으로서의 커피도 인테리어 때문도 아닌 진정한 커피의 맛을 찾아 나서기 시작한 것이다. 인테리어만 근사한 공간이 아니라 커피가 맛있는, 그리하여 그 모든 것이 완벽한 공간에 대한 욕구들이 생겨나게 된 것이다.

에스프레소를 둘러싸고 바닐라 라떼 혹은 캐러멜 마끼아또처럼 우유나 시럽이 들어갔던 베리에이션 커피에서, 원재료의 신선도와 맛을 더욱 중요시하는 커피의 시대가 오고 있다. 무언가를 가미하지 않고 품질이 좋은 재료를 사용하여 그 재료가 가진 맛을 최대한으로 이끌어내는, 그리하여 신맛과 쓴맛이 어떻게 강조되는지 그 조화로움이 얼마나 중요한지에 따라 자신의 기호를 정하는 시기가 온 것이다. 원재료의 떨어지는 맛을 감추기 위해 설탕과 프림의 조화로 혹은 우유와 시럽으로 눈가림하던 시기는 지나가고 있다. 사람들은 훌륭한 원재료를 선택하는 것이 최고를 향하는 지름길이며 그 원료가 가진 특성을 제대로 살리는 것만이 진정성에 접근하는 최상의 방법임을 인지하게 되었다. 부드럽고 우아한 콜롬비아를 선택하느냐, 바디감 좋고 스모키하며 묵직한 만델링을 선택하느냐가 바로 맞춤 커피의 전형인 시대가 온 것이다.

공간적 개념에서의 카페는 말하자면 일상적인 자기와 거리를 둔 놀이의 공간, 모두가 조금씩 자기를 연출하는 퍼포먼스의 공간이다. 더불어 사는 삶이 정상적인 것

커피숍, 커피스트, 서울

으로 받아들여지던 시대에서 혼자만의 시간을 풍요롭게 가꾸어내는 것이 중요해지기 시작했다. 자신의 개성을 표출할 공간 개념으로서의 카페, 자기만의 시간을 온전히 향유할 수 있는 공간으로서의 카페가 중요해지기 시작한 것이다. 그런 의미에서 카페 또한 감성을 일깨울 수 있을만한 개성을 지녀야 하며, 그 개성은 차별화되어야 한다. 커피의 맛은 철저히 주인의 철학에서부터 비롯되어야 하며 인테리어를 비롯, 일하는 사람들의 느낌마저도 계획된 하나의 디자인이어야 한다. 정신이 들어있는 공간과 마음이 표현되는 한 잔의 커피가 조화를 이루어야 하며 그것을 음미하고 즐기는 손님이 함께 있음으로써 커피 집은 완성되는 것이다.

양질의 생두로부터, 주의깊은 로스팅 과정과 정성이 깃든 추출에 이르기까지 모든 과정에서 세심한 주의를 필요로 하는 커피는 이제 단순한 기호음료가 아니다. 브라질 커피, 콜롬비아 커피, 약배전한 커피, 강배전한 커피, 핸드 드립 커피, 에스프레소 커피 등 하나 하나의 생산에서부터 공정까지, 그 커피 한 잔을 내리는 정성어린 마음까지 최상을 원하게 되었다. 나를 표현해 줄 커피숍에서 나만을 위한 한 잔의 근사한 커피를 마시고 싶어한다. 따라서 이제 커피는 아무런 생각 없이 마실 수 있는 음료와는 대별될 뿐만 아니라 그 깊이와 넓이 또한 무궁무진한 심오하고도 풍요로운 하나의 우주인 것이다. 커피숍에서든, 집에서 끓여낸 커피 한 잔이든 개성이 없고 정성이 깃들지 않은 무심한 한 잔의 커피는 사장되는 시대가 온 것이다.

완벽한 한 잔의 커피는 바로 커피에 대한 온전한 이해에서 나온다. 커피와 커피집에 대한 정확한 컨셉과 투철한 철학뿐만 아니라 커피의 전 과정에 대한 애정과 지식만이 최고의 커피를 만들어 낼 수 있다. 마니아들의 수준을 훌쩍 뛰어넘은 열정과 탐구의 정신만이 진정한 전문가로서 살아남게 할 것이다.

## 스페셜티 커피를 아는가

스페셜티Specialty 커피란 생두 자체의 품질은 물론 로스팅 및 추출에 있어서 가장 이상적인 커피를 말한다. 즉 우수한 품질의 생두만으로 그 특성에 맞게 잘 볶아져서 적합한 조리법으로 만들어진 안정되고 맛있는 한 잔의 커피가 바로 스페셜티 커피이다.

이러한 고품질 커피 시장은 1980년대 시애틀을 중심으로 한 미국 서해안 지역과 캐나다 지역을 시작으로 확산되었다. 그동안 몇 가지 요인에 의해 커피는 싼 가격만을 앞세우며 생산, 유통, 소비되는 상황에 빠져들었고 필연적으로 여타 음료와 맛에 있어서 경쟁력이 떨어지게 되었다. 그 결과 커피의 소비는 줄어들게 되었으며 그 반대급부로 고급 커피에 대한 욕구가 생겨나게 되었다. 이것이 바로 70년대 말에 발원한 구메이Gourmet 커피 혹은 프리미엄Premium 커피이다. 이 흐름은 유럽으로도 파급되어 유럽의 구메이 커피가 생겨나기도 하였다. 그러나 시간이 흐르자 상술에 편승하여 구메이 커피라는 단어는 남용되었으며 그 정신은 희석되었다. 80년대 말, 보다 구체화한 기준에 의해 '스페셜티 커피' 라는 단어를 내세운 고급화 흐름이 나타나게 된 것이다. 이제 고객들은 쓰고 뒷맛이 텁텁하기만 한 커피가 아니라 고급스러운 커피, 즉 진하면서도 부드럽고 신선하고 풍미가 좋은 커피를 기대하게 되었다. 그리고 이러한 기대에 부응하여 국내에도 작은 로스터리숍이나 회사들이 하나 둘 생겨나 소량으로 커피를 볶아 판매함으로써 고객들의

스페셜티 커피 자루, 콜롬비아

욕구에 부응하고 있다.

스페셜티 커피는 대량 생산되는 커피에 비해 기후 및 생산과정에 있어서 잘 관리, 경작된 커피로 그 맛이 더욱 풍부하며 조화로운 향미를 지니고 있다. 이러한 양질의 생두를 로스팅 전문가에 의해 소량으로 주문, 생산되는 스페셜티 커피는 그 신선함과 풍미에 있어서 대량으로 생산되어 유통되는 커피와는 당연히 다를 수밖에 없다.

# 커피란 무엇인가

## 커피의 정의

꽃이 아닌 씨 속에 생명이 있다는 말이 있다. 커피는 꼭두서니Rubiaceae과에 속하는 상록수로 커피나무에서 열리는 커피열매의 씨이다. 이 커피열매는 흔히 체리Cherry 혹은 베리Berry라고 불리는데 아프리카 북부 에티오피아가 원산지이다. 이 씨를 우리는 원두Coffee Bean라고 부르며 원두는 생두Green Bean와 볶은 원두Roasted Bean로 나뉜다.

커피는 남북 회귀선 사이의 '커피벨트'라 불리는 적도 아래위 25도 이내, 연평균 강우량 1500mm 이상인 열대 및 아열대 지역에서 자란다. 즉 커피콩을 재배하기 적

커피벨트

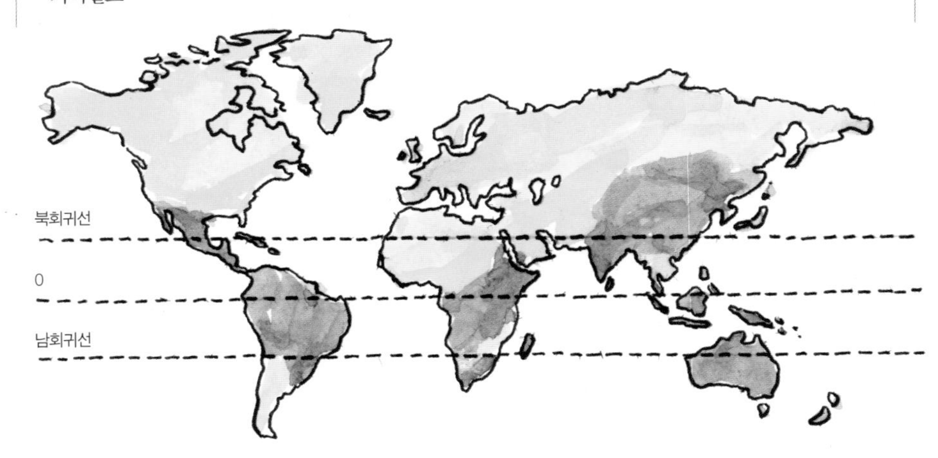

커피열매에서 묘목까지

합한 지역은 더운 나라의 시원한 고지대, 특히 서리가 내리거나 지나치게 춥지 않은 곳이어야 한다. 강수량은 평균적인 것이 바람직한데 비의 양이 적으면 관개를 하기도 한다. 적당한 일조도 필요하며 지역에 따라 지나치게 뜨거운 직사광선을 피하기 위해 그늘을 만들기 위한 쉐도우 트리Shadow Tree를 심기도 한다. 높이가 6~10m 가량 되는 커피나무의 가지는 옆으로 퍼지고 끝이 쳐져 있다. 커피를 재배하기 쉽도록 관목의 윗부분을 자름으로써 나무의 높이를 조절할 수 있다.

커피나무는 관목에 가깝고 타원형의 두껍고 짙은 녹색에 단단하고 광택이 나며, 잎은 월계수를 닮아 있다. 그 잎의 겨드랑이에 작고 흰 꽃이 몰려 피는데, 자스민 꽃과 비슷한 향이 난다. 이 꽃이 져서 떨어진 자리에는 15~18mm 정도 되는 타원형의 열매가 포도처럼 맺히는데, 여물면 초록색에서 점차 노란색으로 그리고 자홍색으로 변해간다.

꽃과 잎은 쓰지도 달지도 짜지도 시지도 그렇다고 기름지지도 않으며 그렇다 할

생두

향이 있는 것도 아니다. 커피체리는 외피Outer Skin, 과육Pulp, 깍지Parchment, 실버스킨 Silver skin, 원두Coffee Bean로 구성된다. 붉은 껍질인 외피 아래 과육이 있고 그 안에 커피원두 두 개가 들어 있다. 원두는 내과피와 그 안에 있는 또 다른 은색의 얇은 막에 감싸여 있다. 체리가 익으면 끈적한 점액이 내과피를 다시 감싼다. 체리 한 개에는 납작한 면이 서로 마주보며 붙어 있는 한 쌍의 길쭉한 반원형 종자가 한가운데에 있다. 이것이 바로 커피원두이다.

## 커피의 기원

커피의 존재가 세상에 알려지기 전까지 사람들은 커피를 단지 악마의 열매 정도로 여겼다. 그러나 전해져 내려오는 다음의 이야기들로 인해 커피에 대한 인식이 바뀌기 시작하였고 지금에까지 이르렀다. 전해져 내려오는 이야기는 총 네 가지로 다음과 같다.

첫 번째는 에티오피아의 양치기 소년 칼디의 이야기이다. 어느 날 양치기 소년 칼디가 여느 때와 마찬가지로 양떼를 몰고 풀을 먹이러 나갔는데 한눈을 판 사이 양들이 야단스럽게 울어대는 소리를 듣게 되었다. 양들에게 무슨 일이라도 생겼을까 걱정이 된 칼디가 그곳으로 뛰어가 보니, 양들이 웬 덤불에서 새빨갛게 자라고 있는 빛나는 열매를 조금씩 갉아먹으며 춤을 추고 있는 것이 아닌가. 신기한 칼디가 그 열매를 조금 뜯어 씹어보았더니 역시 기분이 좋아지는 것을 느꼈다. 칼디는 그 열매를 그 지역 율법학자에게 알렸다. 처음에는 악마의 약을 먹었다는 이유로 칼디를 호되게 꾸짖은 율법학자는 그 열매가 밤샘 기도를 하는 동안 쏟아지는 잠을 물리치는 데 도움이 된다는 사실을 깨닫고 기도에 이용하기에 이르렀다.

두 번째는 천사 가브리엘에 관한 두 가지의 이야기이다. 하나는 한 도시의 시민들이 이름 모를 이상한 역병으로 고생하고 있는데, 천사 가브리엘이 솔로몬 왕에게 커피 끓이는 법을 가르쳐 주어 그 커피를 마신 사람들 병이 모두 나았다는 이야기이다. 다른 하나는 밤새 자지 않고 기도를 하느라 고통스러워하던 무함마드(마호메트, Muhammad)를 위해 천사 가브리엘이 커피 한 모금을 하늘에서 날라 전해줬다는 것이다.

세 번째는 아름다운 깃털이 달린 새 이야기이다. 홍해 근처 어딘가에 화려한 깃털로 온몸을 장식

에티오피아 커피폿

한 노래하는 새가 나타났다. 하얀 꽃이 핀 나무를 향해 천천히 날아가는 새의 모습을 발견한 한 성자가 그 뒤를 쫓아갔다. 성자가 그 나무에 이르렀을 때 새는 어디론가 사라지고 성자는 나무에서 자라고 있는 붉은 열매를 발견했다. 이 열매로부터 성자는 병든 순례자들을 치료할 수 있는 약을 추출해냈다.

마지막 네 번째는 예멘의 하드지 오마르라는 신심 깊은 수도승에 관한 이야기이다. 어느 날 그는 작은 사막으로 추방되어 굶어죽게 되었는데 작은 나무에서 빨갛게 반짝이는 열매를 발견하고 이 열매를 끓여 먹은 뒤 현기증이 나서 빙글빙글 돌기 시작했다. 그때 근처에 있는 모카라는 도시의 시민들이 성 밖으로 나왔다가 이 경이로운 장면을 목격하고 종교적인 기적이라고 믿게 되었다. 그 뒤 즉시 이 수도승을 성인으로 추대하고 커피열매를 성수로 봉정했다. 또는 하드지 오마르가 열매를 시민들의 역병을 치료하는 데 사용하자 이에 대한 감사의 표시로 커피나무를 성

붉은 커피열매

수로 경배했다고도 한다.

위의 네 가지 이야기는 널리 알려진 것이고 이보다 더 많은 이야기들이 전해오고 있으며 커피의 기원에 대한 수많은 증거들이 목격되고 또한 언급되고 있다.

## 커피의 역사

커피를 공개적인 지면에서 처음으로 언급한 이는 11세기 아라비아의 의사이자 철학자였던 아비시니아(아비세나)이다. 그러나 대부분의 역사가들은 그 이전에 이미 에티오피아에서 커피가 재배되고 음용되었다는 데 동의하고 있다. 고왕국인 카파에서 커피가 야생으로 자라고 있었으며 사실상 커피는 갈라부족 유목민 전사들의 주식이었다. 그들은 볶아서 분쇄한 커피콩을 동물의 기름덩어리와 함께 버무려 새알심으로 만들어, 가지고 다니면서 사냥할 때나 원정 공격시에 식량으로 썼다. 역사가들은 커피나무의 재배는 아마도 11세기 초에 아라비아의 무역상들이 예멘으로 그것을 가지고 오면서 시작되었다는 데 동의한다.

온 세기에 걸쳐서 세상으로 퍼져나간 카와라는 이름을 커피에 붙여준 사람은 다름 아닌 아랍인들이었다. 어떤 이는 카와Qahwa라는 단어는 커피보다 앞서 포도주에 사용되던 명칭이라고 말한다. 카와의 아랍어 어원은 '무언가를 향한 인간의 욕망을 경감시키다' 라는 의미를 지니고 있다. 포도주가 음식에 대한 식욕을 경감시키 듯이 커피 역시 잠에 대한 욕구를 경감시킨다. 어떤 이는 그것이 커피의 쓴맛과 관련이 있다고 말하기도 한다. 어떤 이는 카와가 카파Kaffa의 음성학적 부산물이라고 말한다. 또 어떤 이는 커피가 기운을 북돋워주기 때문에 힘, 세력을 의미하는 아랍어 쿠와Quwwa와 관련이 있다고 말하기도 한다. 커피를 비밀의 베일 속에 남겨두기로 한 것 역시 아랍인들이었다. 그들은 끓이거나 햇볕에 말려서 땅에 심을 수 없게 된 커피콩을 거래하긴 했으나 재배 가능한 식물 형태로 무슬림 세계의 경계 밖

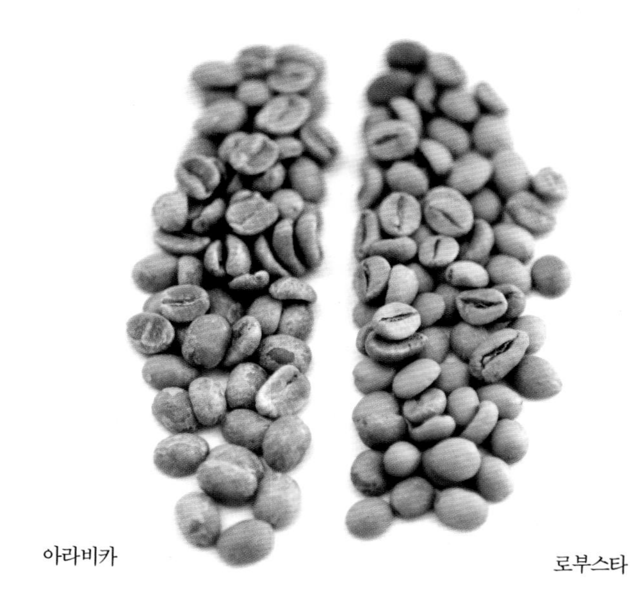


로부스타와는 반대로 연약한 아라비카는 적도부근의 해발 800~2000m의 고지대 맑은 공기 속에서만 자란다. 더 낮은 지역에서는 열을 지나치게 받을 우려가 있고 더 높은 지역에서는 얼어버릴 우려가 있다. 고지대일수록 열매는 천천히 아물게 되고 더욱 복합적이고 섬세하며 풍부한 맛과 향을 지니게 된다. 이러한 특징 때문에 스페셜티 커피 로스터리에서는 아라비카 커피만을 사용한다. 고급 원두의 대부분은 동아프리카나 라틴아메리카에서 생산된 아라비카이다. 아라비카는 19세기에 로부스타가 발견되기 이전까지는 유일한 커피였다. 그런데 로부스타가 발견되면서 값싼 로부스타를 아라비카와 배합하거나 아라비카를 대체하게 되었다. 100 %의 아라비카를 다시 마시게 된 것은 1970년대 말에 이르러서이다. 물론 아라비카 종도 그 고도나 토양, 기후 및 생산 과정의 상이함으로 인해 품질에 있어서 차이가 많다. 좋은 아라비카 빈은 높은 고도의 풍요로운 화산토에서 자라 잘 익은 빈만을 일일이 손으로 재배한다. 아라비카 빈은 다소 연약하여 지나친 태양으로부터 체리를 보호하기 위해서는 부분적인 그늘을 필요로 한다. 고도가 높을수록 맛이 좋은 빈이 생산될 수 있으나 밤의 온도가 지나치게 낮아 얼어버릴 정도가 되면 나무는 자라지 못하게 된다. 높은 고도에서는 밤시간 온도가 선선하여 체리의 성장을 더디게 해줌으로써 더욱 농축된 맛을 내며 신맛이 더 잘 살아 있다. 또한 화산토는 자양분이 풍부하며 배수 또한 잘 된다.

이와 같은 이상적인 조건에서 자란 아라비카 빈을 고용된 픽커Picker들이 잘 익은 체리만을 골라 일일이 손으로 딴다. 모든 체리를 동시에 따지 않고 익은 체리만을 골라 땀으로써 최고 품질의 커피를 생산할 수 있게 된다.

반면 콩고가 원산지인 로부스타는 아라비카와 달리 해발 800m이하의 저지대에서 재배되며 자라는 속도도 빠르고 병충해에 강한 것이 특징이다. 향이 거의 없고 맛이 쓰며 카페인이 많이 들어 있어 대부분 하급 원두나 인스턴트 커피로 제조된다. 병충해에 강한 로부스타는 서아프리카와 같은 열대 삼림지대의 습하고 더운 기후에서 잘 자란다.

열대 삼림지대에서 야생상태로 자라던 로부스타가 재배되기 시작한 것은 18세기부터이다. 로부스타와 리베리카 나무들이 두 쌍의 염색체를 지닌 반면, 아라비카는 네 쌍의 염색체를 지니고 있다. 또한 로부스타와 리베리카가 꽃이 피고 10~11개월이 지나야 커피열매가 빨갛게 익는 반면 아라비카는 9개월이면 충분하다. 아라비카는 스스로 꽃가루 받이를 하는 반면 로부스타는 다른 나무와 꽃가루 교접을 한다. 병충해에 강해 약을 뿌려주지 않아도 잘 자라는 로부스타는 가격이 싼 반면 맛이 텁텁하고 거칠다. 따라서 각 커피가 가진 섬세한 맛을 필요로 하는 스트레이트 블랙커피보다는 인스턴트나 에스프레소의 블렌딩용으로 쓰인다. 최근 로부스타를 주로 생산하는 베트남은 콜롬비아를 제치고 브라질에 이어 커피 생산국 2위로 급부상하고 있다.

최근 국내의 커피숍에서도 커피나무를 쉽사리 볼 수 있고 더러는 꽃과 열매가 열리는 것을 볼 수도 있다. 그러나 돌보는 과정에서 상당한 주의를 요할 뿐만 아니라 여러 조건상 생산을 위한 커피농가를 경영하기는 어려운 실정이다.

### 피베리 / 원숭이똥커피

일반적으로 한 개의 열매 안에는 두 개의 씨가 들어 있으나, 일부 체리는 한 개의 타원형 원두가 들어 있다. 두 개의 씨가 들어 있는 경우에는 가운데가 반씩 나뉘어져 있기 때문에 마주보는 한 면이 반듯하게 깎여 있지만 한 개의 씨가 들어 있는 경우에는 깎인 면이 없이 배가 둥그런 원두모양이 된다. 이런 원두를 완두콩이나 진주의 모양에 빗대어 피베리Pea berry혹은 펄베리Pearl berry라고 한다. 또한 이를 카라콜리Caracoli라고도 하는데, 카라콜리는 스페인어로 달팽이를 의미하는 카라콜Caracol에서 유래된 것으로 달팽이와 모양이 비슷하다고 해서 이러한 이름이 붙여졌다. 주로 가지의 제일 끝에 맺히며 식물학적 변종으로 생겨난 것인지 꽃가루 부족 또는 유전적 결함 등으로 생겨난 것인지 그 원인은 아직 밝혀지지 않았다. 그러나 카라콜리는 커피열매의 맛과 향을 한 개의 원두에 응축하고 있기 때문에 커피 애호가들로부터 커피의 진주로 불리며 특별한 사랑을 받고 있다.

피베리 생두

한편 피베리 이외에도 보통 크기의 두배에 이르는 특이한 빈이 있는데 이를 엘리펀트 빈Elephant Bean이라 부른다.

인도의 원숭이는 나무에서 열매를 그것도 아주 잘 익은 커피열매만을 따서 먹고 산다. 이들이 배설한 커피콩은 19세기에 존재한 세계에서 가장 맛이 뛰어나다는 커피였다. 이 커피가 맛있는 이유는 이들이 아주 잘 익은 좋은 열매만을 따기 때문이라고 말하기도 하고, 이들이 먹은 커피콩이 소화계통을 지나면서 내장에서 화학반응을 일으키기 때문이라고도 한다.

또한 미국의 미식가들 사이에서는 '사향고양이' 라 불리는 작은 인도네시아 동물에게서 나온 커피가 인기를 끌고 있다. 야행성 나무를 좋아하는 이 사향고양이는 (과실주의 일종인) 야자주 주조에 쓰이는 자연 알코올이 포함된 수액과 신선한 커피열매를 먹고 산다. 이 고양이의 장액이 커피에 특별한 향을 첨가해서 그런지, 아니면 고양이가 잘 익은 열매만 골라 먹어서 그런지는 모르지만, 사향고양이의 배설물은 잘만 닦아내면 세계 최고의 커피라고 많은 사람들이 입을 모은다. 현재 이 커피는 일본이 대부분을 수입하고 있지만, 그 와중에 미국 기업 M.P.마운타노스가 '코피 루와크Kopi Luwak' 라는 이름으로 1파운드 450g당 약 300달러에 판매하면서, 세계에서 가장 비싼 커피가 되었다.(『커피견문록』, 이창신 역, 이마고, 2005)

# 커피 좀더 들여다보기

## 커피의 재배 과정

커피를 재배하기에 좋은 조건으로는 평균 20~25℃의 기온, 지나치게 습하지 않은 규칙적인 비, 심하게 강렬하지 않은 충분한 햇볕, 가급적이면 화산지대이거나 비옥한 토양 등이 좋다. 이때 서리는 천적이다. 이러한 기후 조건을 갖춘 곳이 적도를 중심으로 상, 하위 25℃ 이내, 연평균 강우량 1500mm 이상인 열대 및 아열대 지역이다. 그러나 지나치게 햇빛이 강한 날씨는 오히려 커피를 설익게 할 수 있다. 커피는 햇빛이 아니라 안개 때문에 충분히 익어가는 것이다. 안개가 커피나무에 양분

을 공급하고 습기로 달래주며 건조기 내내 메말랐던 껍질에 수분을 공급해 준다.

커피를 제대로 재배하려면 심기 전에 먼저 땅을 계단식으로 만들어야 한다. 나무 그늘이 층층이 만들어지도록 키가 다른 나무들을 심는다. 예를 들면 먼저 삼나무를 심고 그 다음에 구아바나무(목재용 나무)와 바나나나무를 심는 식이다. 그러나 커피를 대량으로 생산하는 브라질를 비롯한 많은 나라들에서는 평평한 땅에 줄지은 커피나무만을 심고 이를 기계로 경작하는 것이 일반적이다.

한편 파치먼트 상태로 된 커피종자를 심어 모판에서 커피씨를 발아시킨다. 새로 심은 묘종을 배양하기 위해 커피콩을 밤새 물에 담궈 놓았다가 아침에 묘종을 심고 빛가리개로 덮어준 다음 싹이 틀 때까지 하루에 두세 차례 물을 더 준다. 이때 싹이 트기까지는 대략 50~60일이 걸린다. 모판에서는 유기비료를 섞은 흙을 플라스틱 용기에 담아 모종을 키우는데 따가운 햇빛으로부터 모종을 보호하기 위해 (잎을 줄로 엮어 짠) 빛가리개를 대나무틀로 지지하여 그늘을 만들어 준다.

커피열매

싹이 나면 잎으로 만든 빛가리개를 거둔 다음 좀더 자라도록 내버려두는데 이때 시든 잎과 가지를 떼어내고 세심한 배려를 해 주어야 한다. 커피 모종은 처음에 날개 같은 잎이 한 쌍 나오는데 이때 모판에서 자란 어린 싹들은 유기비료로 흙이 담긴 좀더 커다란 모판에 옮겨져 8개월을 난다. 깊이나 간격도 수 센티미터 간격으로 다시 심는데 이때는 일일이 빛가리개를 해 주지 않아도 약간의 그늘만으로도 커피나무는 잘 자란다.

이윽고 모종들이 굵고 튼튼해지면 산자락이나 계단식 밭에 옮겨 심는다. 그 다음에는 잡초를 뽑고 묘목에 양분을 준다. 양분이 되는 비료는 주변에 있는 것들로 만든다. 자연이 우리에게 무상으로 주는 것들을 이용하는 경우 이를 유기비료라 부른다. 유기비료는 뿌리기 2~3개월 전에 섞어 놓는데 재와 발효된 커피 껍질, 잘게 자른 잎, 석회, 거름 따위를 섞어 만든다. 그리고는 2주에 한 번씩 이것을 저어주는데 젓는 대나무에 온기가 느껴지면 비료가 다 만들어졌다는 신호이다.

정상적으로 잘 자랄 경우 3~4년 뒤에는 나무에 주름이 지고 꽃이 핀다. 이 꽃에는 열매가 달리는데 단단한 녹색의 열매는 익어갈수록 붉게 변한다. 그러면 사람들은 바구니를 들고 열매를 따 담는다. 그 수확기와 재배 횟수는 나라와 재배 조건에 따라 다르다. 스페셜티 커피 같은 좋은 커피는 빨갛게 익은 열매만을 손으로 따는 것이 좋다. 그러나 대량으로 생산하고 시설이 갖추어져 있는 경우에는 기계를 이용한다.

## 커피의 처리 과정

커피를 재배한 후 처리하는 과정에는 두 가지가 있다. 커피체리로부터 생두를 분리 시킨 후 물에 씻어내는 수세식 방법과, 커피체리를 딴 후 바로 땅 위에다 널어 햇볕에 말리는 자연건조식 방법이 그것이다.

### 수세식 방법

우선 수세식 방법을 살펴보자. 커피를 만드는 공정 중 제일 첫 번째로 하는 일이 커피콩에서 껍질을 벗겨내는 일이다. 커피콩의 껍질은 그날 밤이나 이튿날 이른 아침까지 벗겨내야 하는데, 이렇게 벗겨낸 껍질은 잘 보관했다가 나중에 유기비료를 만들 때 사용한다.

커피체리를 분리하는 과정

펄핑 머신을 이용해 체리의 살을 벗겨내는 과정

넓은 도로나 마당에 커피를 건조시키는 과정

축축한 알맹이는 강으로 가져가 씻는다. 물론 대량생산일 경우에는 준비된 시설에서 씻는다. 흐르는 물에 8시간 정도 씻어야 하는데 아주 조심스럽게 해야 한다. 알맹이를 씻어내되 발효가 시작되기 전에 건져내야 한다. 그러고 나면 커피콩에 달라붙어 있는 끈적끈적한 열매의 점액질이 씻겨 나간다.

그 다음은 햇볕에 말리는 긴 건조 과정이다. 시멘트 마당이 없는 사람들은 포장도로를 이용하기도 한다. 4시간마다 한 번씩 콩을 뒤집어 주어야 하기 때문이다. 밤이 되면 콩을 끌어 모아 비닐 천으로 덮어 준다. 특히 젖은 커피는 곰팡이가 피기 때문에 갑자기 비가 오거나 할 때 재빨리 덮어 주어야 한다. 커피콩을 밖에서 말리는 동안에 잘 건조되도록 하루종일 갈퀴질을 한다. 커피콩이 자라나기 시작하는 초기에는 습기가 필요하지만 말려야 하는 시기에는 습기가 오히려 성가신 것이 된다.

날씨만 좋으면 2주 정도 후에 커피를 자루에 담을 수 있게 된다. 커피를 자루에 담고 나면 일단 쉬게 해 준다. 며칠 혹은 몇 주 과육은 벗겨냈지만 콩은 아직도 얇은 막 속에 들어 있다. 그렇게 휴식이 끝나고 나면 콩 자루를 가공공장으로 가져가서 그 얇은 막을 벗겨낸다. 그런 다음 손으로 일일이 콩을 선별한다. 자루에 들어간 상한 콩 하나가 커피의 맛을 망칠 수 있기 때문이다. 위와 같은 과정을 수세식 과정이라 한다.

정리하자면, 수세식 방법은 우선 물에 담갔다가Soaking 펄핑머신을 이용하여 체리의 살과 씨를 벗겨내고Pulping, 그리고 난 후 원두에 아직 남아 있는 잔여물을 없애기 위해 발효시키고Fermenting, 원두에 붙은 살을 물로 씻어낸다Rinsing. 잘 씻어진 깍지가 있는 커피Parchment coffee를 햇볕에 말리고Sun drying 나면 그 마른 파치먼트 즉 커피의 깍지를 벗겨내는 과정Hulling을 거치는데 그러고 난 다음에야 커피의 등급Grading을 매긴다. 수세식 방법은 건조식 방법보다 비용이 더 많이 드는 반면, 각 과정을 통해 보다 질이 좋은 커피를 골라낼 수 있으며 맛 또한 부드럽다.

**자연건조식 방법**

자연건조식은 커피체리를 딴 후 바로 땅 위에다 널어 햇볕에 말리는 방법으로, 이는 주로 물을 사용할 수 없는 영세한 지역에서 사용되던 전통적인 방법이다. 이렇게 말리는 데는 보통 3~4주 정도 소요된다. 그리고 나서 돌이나 장비를 이용하

자연건조식 방법은 일괄적인 뜨겁고 맑은 날씨를 요한다.

여 체리껍질과 파치먼트를 동시에 생두로부터 분리시키는데 이것이 수세식에서 말한 헐링에 해당한다. 이 방법은 말리는 동안 지속적이고 일괄적인 뜨겁고 맑은 날씨를 요하기 때문에 날씨의 영향을 받을 뿐만 아니라 과육Pulp에 기생할 수 있는 미생물의 가능성 때문에 더욱 세심한 주의를 요하며 맛에 있어서 일관성이 떨어지거나 질이 낮은 커피가 생산될 가능성이 있다. 그러나 질 좋은 자연건조 커피는 깔끔함이나 부드러운 맛은 떨어지나 오히려 농익은 과일의 맛을 느낄 수 있어 자연건조 커피를 찾는 마니아들도 늘어나고 있다.

**Tip. 커피나무 한 그루에선 얼마나 많은 커피가 열릴까?**

커피나무는 20피트의 높이로 자라는 것이 일반적이나, 수확의 어려움 때문에 8~10피트로 가지치기를 한다. 커피는 주로 수작업에 의해 이루어지는데 약 2000개의 열매로 1파운드(약 450g)정도의 볶은 커피를 얻을 수 있다. 한 열매 안에는 보통 두 개의 커피열매가 들어 있으므로 1파운드의 커피를 얻기 위해선 4000개의 커피빈이 필요한 셈이다. 물론 열매 안에 두 개의 알맹이 대신 피베리라고 불리는 한 개의 알맹이가 들어 있는 경우도 있으며, 기계로 수확하여 손으로 작업하지 않는 커피나무의 경우에는 훨씬 많은 커피를 수확할 수 있다.

GREEN COFFEE ONLY
GREEN COFFEE
GREEN COFFEE ONLY!!!
EL SALVADOR

# 로스터를 꿈꾸며, 로스팅

## 로스팅이란

로스팅Roasting이란 생두Green bean를 볶아서 마실 수 있는 원두상태로 만드는 과정으로 '커피콩을 볶다' 혹은 '배전한다' 라고 말한다. 그리고 커피 볶는 기계를 로스터기Roasting Machine 혹은 배전기라 부르며, 커피 볶는 사람을 로스터Roaster라 부른다.

최근 몇 년 전부터 간편하고 편리한 음식을 추구하던 테이크 아웃 혹은 패스트푸드에 반대되는 움직임들이 서서히 일어나기 시작했다. 빠른 것에 대비되는 느림의 미학이 원두커피를 팔던 19세기 전통을 옹호하는 사람들에 의해 스페셜티 커피라는 이름으로 대두된 것이다. 백화점이나 슈퍼마켓에서 쉽게 살 수 있는 유명 브랜드의 커피가 아닌, 갓 볶은 신선한 커피를 찾는 고객들이 늘어나게 되었다. 이제 사람들에게는 맛있는 커피를 찾아 가는 기쁨 또한 쇼핑을 하거나 집을 꾸미는 것만큼 행복한 누림의 하나가 된 것이다.

이러한 기쁨은 단순히 맛에서만 느껴지는 것이 아니다. 커피를 볶으면 빵 굽는 냄새 같기도 하고 낙엽이 타는 것 같기도 한 냄새가 난다. 발코니나 집 안마당이 있다면 더욱 운치 있는 일이다. 그 볶은 커피를 숙성될 때까지 기다렸다가 주변 사람들을 불러 나누는 즐거움이야말로 이루 형언할 수 없는 기쁨이 된다. 이는 삶의 여유뿐만 아니라 행복한 향기마저 공유하는 일이기 때문이다.

## 로스팅의 역사

그렇다면 로스팅은 언제, 어떻게 시작되었을까? 16세기경 커피가 로스팅 되기 전까지 에티오피아의 부족들은 커피의 잎으로 차를 만들거나, 말린 열매를 껌처럼 질겅질겅 씹거나, 빻아서 케이크처럼 만들기도 하고, 주스를 만들어서 마시기도 하고 동물 사료로도 사용하였다. 그러나 로스팅을 알고 그에 대한 기술이 발전하면서 커피는 더욱 매력적인 음료로 다가서게 되었다.

1260년 아라비아 지역의 한 척박한 땅으로 추방당한 이슬람의 시크오만이 허기를 면하려고 커피스프를 만들다 커피콩이 쓰다는 것을 발견하고 끓이기 전, 커피를 볶은 것이 커피의 맛을 발견하게 된 계기라는 이야기가 전해진다. 또 다른 이야기는 예멘이나 에티오피아의 한 농부의 전설로, 농부가 저녁거리를 얻기 위해 커피나무를 태우게 되는 과정에서 커피를 발견하게 되었다는 것이다. 이는 역사적인 발견이라기보다는 문학책 속의 이야기꾼들의 재담으로 등장하는 이야기들이다.

한편 로스팅을 하는 도구로 예멘에서는 토기제품을, 시리아에서는 높은 로스팅 온도를 견딜 수 있는 금속제품을 만드는 기술을 가지고 있었다. 따라서 1550년을 전후하여 시리아와 터키 일대에 커피를 볶고 마시는 유행이 퍼지게 되었다. 그러나 터키 공화국의 전신인 오스만투르크제국에 의해 유럽에 전달되므로 시리아 커피가 아닌 터키쉬 커피를 마시게 된 것이다. 그러나 북유럽 국가들이 터키식 강배전을 포기한 것은 17세기 말에서 18세기 초 드립 커피의 영향과, 차와 맥주의 영향으로 인한 것이며 산업혁명의 영향으로 미국과 유럽 등지에서는 포장커피를 팔게 되었던 것이다.

로스팅의 기술과 스타일의 발전 및 설탕의 발견은 커피와 커피메뉴의 발전에 크게 영향을 미쳤다. 또한 17~18세기 이슬람 승려를 통해 인도로 그리고 유럽에 의해 실론섬이나 자바섬으로, 자바섬에 의해 암스테르담이나 파리의 식물원으로 이를 통해 카리브해나 아프리카로 전달되었다. 19세기까지 오스만투르크제국의 지배하에 있던 발칸 반도의 국가들은 터키식 스타일로 커피를 마셨으나, 이탈리아나 오스트리아 같은 기독교 문명을 지닌 유럽 국가들은 17세기 말과 18세기 초 커피를 여과해서 우유를 넣어 마셨다.

로스팅 초기(1600년경) 시리아, 터키, 이집트 등지에서는 다소 강배전한 원두를 사용했다. 강배전한 원두는 곱게 그라인딩Grinding해서 사용하고 강배전보다 그라인딩하기 곤란한 약배전은 굵게 그라인딩했다. 한편 16~17세기 대부분의 유럽 국가들은 터키식 스타일로 강배전했으며 어느 순간 독일, 스칸디나비아와 같은 북유럽 국가들은 조금 약하게 로스팅하기 시작하여 이런 전통이 신대륙까지 전해졌다. 따라서 북미는 북유럽 국가들의 영향을 받아 약배전을 즐겼으며, 남미의 국가들은 남부유럽의 식민지 국가들의 영향을 받아 강배전을 즐겼다.

# 생두

커피를 볶으려면 가장 먼저 생두가 필요하다. 맛있는 커피는 다름 아닌 양질의 생두에서 온다. 그렇다면 좋은 생두를 구하려면 어떻게 해야 하는가?

먼저 가정에서 볶을 소량의 생두를 구입하려면, 커피 볶는 집이나 생두를 취급하는 인터넷 쇼핑몰을 이용할 수 있다. 지금까지는 커피를 직접 볶아 먹는 마니아들이 많지 않았던 관계로 생두를 판매하는 곳 또한 찾기가 쉽지 않았다. 그러나 최근에는 커피 마니아가 증가하여 보다 손쉽게 커피를 구할 수 있게 되었다. 온라인을 이용할 경우에는 인터넷에서 커피, 생두 판매, 내지는 그린빈과 같은 검색어를 통해 생두 판매처를 찾을 수 있다. 오프라인의 경우 양질의 생두를 볶아 판매하는 커피 볶는 집에서 구입할 수 있다. 이때 생두의 가격은 볶은 원두의 가격보다는 훨씬 저렴하다.

그렇다면 커피 볶는 집에서는 생두를 어떻게 구입할까? 여러 가지 방법이 있겠으

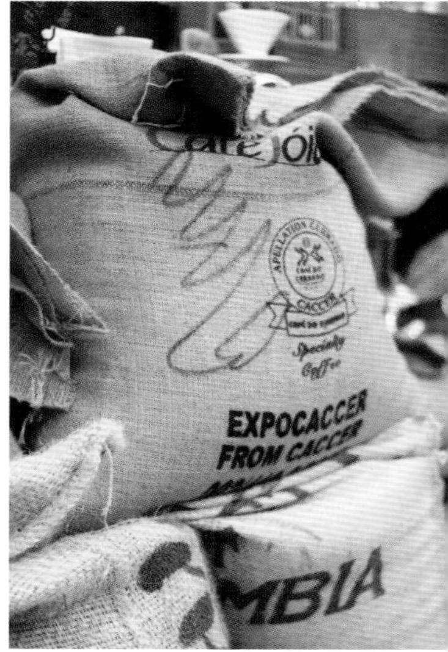

생두 선별, 핸드픽

나 가장 대표적인 방법은 인터넷을 이용하는 것이다. 예를 들면 각국의 로스터 및 생두 딜러들이 각자 인터넷 앞에 앉아 입찰Bidding을 통해 생두를 구입하는 것이다. 이때의 생두는 이미 테이스터에 의해 순위가 매겨진 상태이다. 그렇게 함으로써 멀리 생산국까지 방문하지 않고서도 좋은 생두를 구입할 수 있게 된다. 이 방법은 최소 6개월 안에 소화할 수 있는 양이 어느 정도 되는 경우에 가능한 이야기다.

또 다른, 그리고 제일 좋은 방법은 커피 수확이 끝나고 가공을 마친 시점에서 각 나라를 방문하여, 적정한 가격을 주고 질 좋은 생두를 직접 구입하는 것이다. 그러나 한 숍이 사용하는 생두가 열 가지라고 하면 10개국을 방문해야 하기 때문에 비용도 만만치 않을 뿐만 아니라 경험과 노하우가 부족하면 직접 방문한다고 해도 좋은 생두를 구입하기가 쉽지 않다.

따라서 작은 로스터리숍의 경우 가장 현실적인 방법은 국내 생두 딜러들을 통해 빈을 사거나, 소량 구입이 가능한 다른 나라들을 통해 빈을 재 수입하는 것이다. 즉 미국이나 일본, 네덜란드, 독일 등지에서 소량씩 들여오는 방법이다.

한편 장기적이면서도 이상적인 방법은 커피 소비자의 미각을 높여, 그 욕구에 부응하도록 커피업자들이 최선을 다함으로써 국내에 질 좋은 커피를 들여올 수 있는 가능성을 증대시키는 것이다. 커피 볶는 집에서는 생두 딜러들을 통해 지속적으로 좋은 생두의 샘플을 공급받아 테이스팅을 거치는 것이 좋다. 커피도 농산물이기 때문에 다른 농산물과 같이 해마다 달라지는 날씨와 기후의 변화에 따라 질이 달라질 수밖에 없다.  따라서 늘 그해 그해의 퀄리티를 점검하고 더 좋은 것을 찾아내기 위해 부단히 노력하는 것이야말로 맛있는 커피를 만들고 마실 수 있는 지름길이다.

### 핸드픽의 중요성과 생두의 선별

핸드픽Hand Pick이란 맛있는 최상의 커피 한 잔을 위하여 부적절한 커피빈이나 이물질을 손으로 골라내는 작업을 말한다. 이렇게 부적절한 커피빈을 결점두라 부르는데 결점두는 커피 맛에 결정적인 영향을 끼친다.

결점두가 아니라도 커피빈의 크기가 지나치게 크거나 작은 것은 제외시켜야 한다. 크기의 차이는 꽃이 피는 시기의 전후에 내리는 비의 정도에 의해 결정이 되는데 적당량의 비가 내리지 않으면 빈의 크기가 더이상 자라지 않게 된다. 대부분의 다른 생두에 비해 크기가 지나치게 작은 경우에는 커피를 볶을 때 탈 우려가 있으며, 지나치게 큰 경우 속까지 익지 않기가 쉽다. 생두의 크기를 엄밀히 분류하는 나라가 있는 반면 에티오피아나 예멘과 같이 그렇지 못한 경우도 있기 때문에 핸드픽 시 체 같은 것을 이용하여 아주 작은 것과 큰 것을 골라내는 것이 좋다.

NYBT 뉴욕 커피, 설탕거래소에서 행해진 결점두와 이물질에 대한 정의는 다음과 같다.

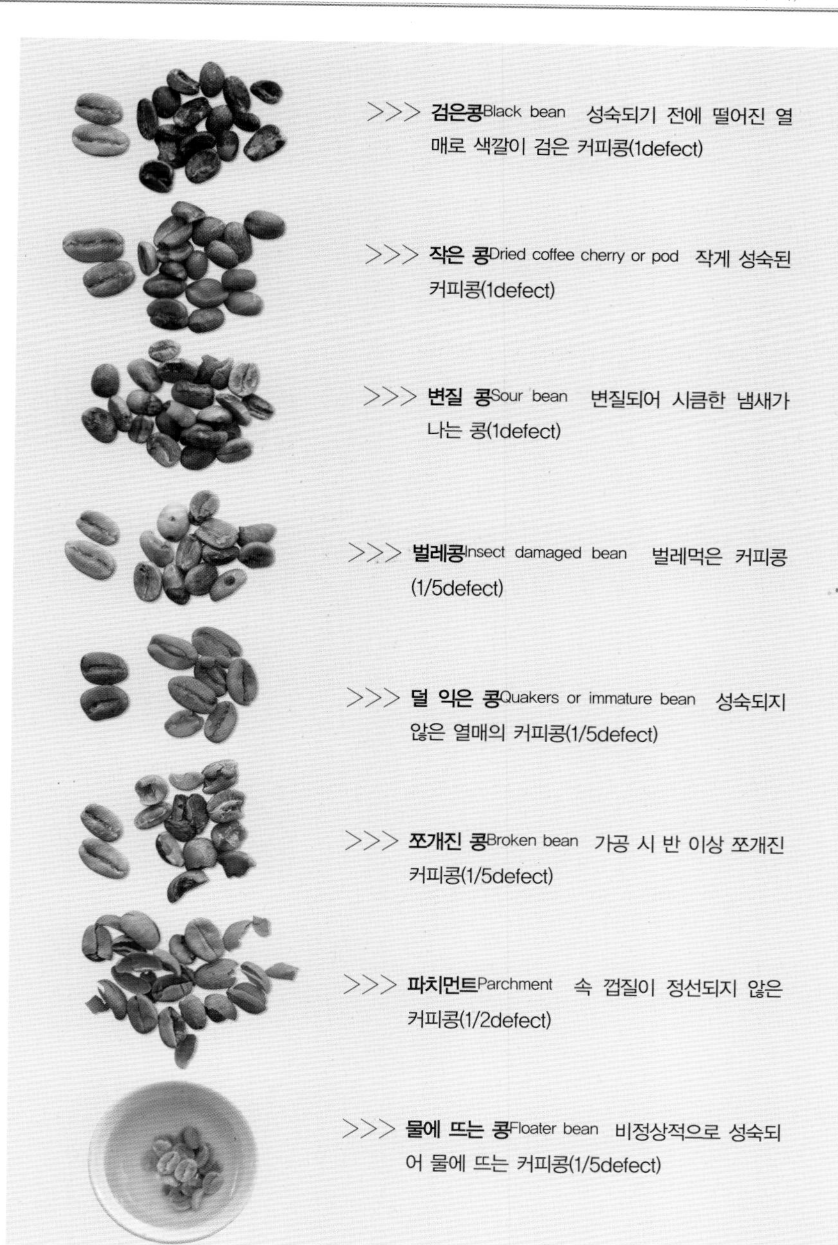

>>> **검은콩**Black bean 성숙되기 전에 떨어진 열매로 색깔이 검은 커피콩(1defect)

>>> **작은 콩**Dried coffee cherry or pod 작게 성숙된 커피콩(1defect)

>>> **변질 콩**Sour bean 변질되어 시큼한 냄새가 나는 콩(1defect)

>>> **벌레콩**Insect damaged bean 벌레먹은 커피콩(1/5defect)

>>> **덜 익은 콩**Quakers or immature bean 성숙되지 않은 열매의 커피콩(1/5defect)

>>> **쪼개진 콩**Broken bean 가공 시 반 이상 쪼개진 커피콩(1/5defect)

>>> **파치먼트**Parchment 속 껍질이 정선되지 않은 커피콩(1/2defect)

>>> **물에 뜨는 콩**Floater bean 비정상적으로 성숙되어 물에 뜨는 커피콩(1/5defect)

이때 검은콩은 썩은 냄새가 나거나 커피를 탁하게 하는 원인이 되며, 크기가 작은 콩은 로스팅 시 다른 콩에 비해 빨리 익어 타거나 쓴맛을 내기가 쉽다. 벌레먹은 콩은 커피의 맛을 좋지 않게 만들 뿐만 아니라 탁한 커피를 만들기가 쉽고, 쪼개진 콩은 골고루 볶이지 않아 커피 맛을 해치는 원인이 된다. 변질되거나, 덜 익은 콩이나, 물에 뜨는 커피콩의 경우 정상적으로 아물지 않아 맛이 떨어지고 불필요하거나 좋지 않은 맛과 냄새를 유발하는 이유가 된다.

때때로 생두에서 생긴 곰팡이를 발견할 경우가 있다. 이는 생두를 가공하는 과정에서나 보관이 적절치 못한 경우에 발생한다. 과육을 파치먼트인 상태로 분리하는 과정에서 그 사이에 존재하는 미끈거리는 층의 제거가 충분하지 못해 수분이 남아 있어 곰팡이를 발생시키는 경우가 있다. 또한 파치먼트를 건조시키는 단계에서 강우량이 많아 콩에 수분이 많이 남아 있는 경우나, 고온다습한 곳에서 유통되거나 보관되는 경우에도 곰팡이가 발생한다.

결점두

곰팡이 냄새 이외에 생두에서 나는 좋지 않은 냄새는 땅에서 자연건조시킬 때 땅이 눅눅하다든가 하여 땅 냄새가 커피에 배는 경우에도 발생한다. 결점두의 경우 대부분 눈으로 식별이 가능하나 그렇지 못한 경우도 종종 있다. 이는 생두 내부에 들어 있는 수분의 양이 일관성을 지니지 못해 생겨난다. 콩에서의 수분의 양의 차이는 커피의 속까지 불길이 가지 않아 덜 익었거나 탄 커피들이 섞여 있어 커피의 맛을 해치게 된다. 이 원인은 생산하는 지역의 토양과 토질, 열매가 맺히는 곳의 위치와 햇빛, 강우량과 수확하는 해의 기후, 혹은 퇴비나 약물의 투여 여부 등과 같이 여러 가지이다.

또한 건조 방법의 차이도 그중 한 가지이다. 예멘, 에티오피아, 브라질, 인도네시아 등지에서 주로 만들어지는 자연건조식 커피는 기계건조에 비해 수분의 양이 적고 결점두가 들어갈 염려가 더 많다. 따라서 수세식보다 더욱 세심한 핸드픽이 요구된다. 한편 생두의 건조 시 건조기의 이상이나 관리의 불충분으로 급건조해 버릴 때도 있다. 이때 콩의 내부가 비게 되고 균열이 생겨 로스팅을 하고 난 이후에 조개두가 되어 버린다. 조개두의 경우 건조불량 이외에도 이상교배로 생겨나기도 하는데, 이 경우 로스팅을 하면 고르지 않게 볶이게 되어 좋지 않은 쓴맛이 나는 커피가 된다.

결점두가 생겨나게 되는 이유는 현실적인 여건상 잘 익은 열매만을 일일이 손으로 따지 못하고 푸르거나 미성숙한 열매를 함께 따기 때문이다. 수세식의 경우 몇 번이나 물로 씻어내고 덜 익은 열매를 골라내는 반면 자연건조식의 경우 미성숙두를 구분해내기가 어려울 뿐만 아니라 햇볕에 말리는 과정에서 돌과 같은 이물질이 함께 섞여 있기가 쉽다. 수세식의 경우에도 기계로 건조하게 될 경우 햇볕에 말리는 것과 달리 빠른 시간 안에 급속하게 건조하기 때문에 조개두, 혹은 패각두가 되어버린다. 또한 콜롬비아같이 세밀하게 사이징과 결점두를 확인하는 경우도 있으나 에티오피아같이 세밀하지 않은 나라도 있다. 따라서 후자의 경우, 그 가운데서도 특히 자연건조되는 내츄럴 커피의 경우 핸드픽 시 보다 세밀한 관찰이 요구된다. 커피 맛의 질을 높이기 위해서 뿐만 아니라 핸드픽의 노고를 줄이기 위해서는

돌멩이

무엇보다도 퀄리티 있는 양질의 생두 구입이 우선시 된다 하겠다.

위와 같은 결점두 이외에도 작은 돌멩이, 옥수수, 작은 나뭇가지, 동전이나 유리구슬, 잘못 들어간 현지의 종이나 커피자루에서 떨어져 나온 실타래 등의 이물질이 핸드픽의 대상이 된다. 특히 돌멩이나 유리구슬, 동전과 같은 경우에는 색깔이 비슷하여 쉽게 구별하기 어려운 경우가 있다. 이 경우 그라인더의 날이나 로스터기를 고장나게 하는 원인이 될 수도 있다.

핸드픽은 커피를 볶기 전 생두의 상태에서 한 번, 볶은 직후에 한 번씩 하는 것이 기본이다. 커피를 볶은 이후에 핸드픽을 하는 이유는 커피를 볶고 나서야 쉽게 결점두를 구분할 수 있는 경우가 종종 있기 때문이다. 수분의 양이 차이가 나는 경우

가 이 중의 하나이다. 이때에는 전체적인 커피의 색에 비해 지나치게 타거나 옅은 색깔이다. 또한 생두의 상태에서 발견하지 못한 이물질들을 2차적으로 한 번 더 점검함으로써 보다 세밀한 결과를 얻을 수 있다.

한편 골라낸 결점두는 초보자의 로스팅 연습으로 사용하거나 결점두만을 볶아 양질의 빈과 그 맛을 구분하는 데 쓰면 좋다. 볶아 방향제로 사용하거나 나무의 비료로, 혹은 염색이나 페인팅에 사용해도 좋다.

**Tip. 생두의 이름은 어떻게 붙여질까?**

일반적으로 스트레이트 커피라 불리는 산지별 커피는 생두의 이름 앞에 그 나라의 이름을 붙인다. 거기에다 생산되는 지역의 이름과 등급 등을 구체적으로 명명하여 보다 상세한 정보를 제공할수록 소비자에게 신뢰를 줄 수 있다. 그렇다면 커피에 붙어 있는 이름들은 어떤 기준에서 어떤 방식으로 붙여지는가?

생두의 이름은 주로 생산 국가 이름, 수출 항구 이름 및 특정 지명을 붙여 부른다. 대부분 생산 국가 이름에 등급이나 그 나라의 산지 이름을 붙인다. 그 사이에 수출되는 항구의 이름을 붙이는 경우도 있다. 그 예를 들어보자.

a. 생산 국가+산지: Jamaica Blue Mountain, Hawaiian Kona, Guatemala Antigua
b. 생산 국가+수출 항구: Brazil Santos, Ethiopian Mocha, Yemen Mocha
c. 생산 국가명+등급명: Costa Rica SHB, Colombia Supremo, Kenya AA

위에 그린빈의 크기나 맛에 대한 분류를 덧붙임으로써 보다 정확하게 인식할 수 있다.

상투스항을 통해 수출된
결점 수 No.2
스크린 17—18의 크기

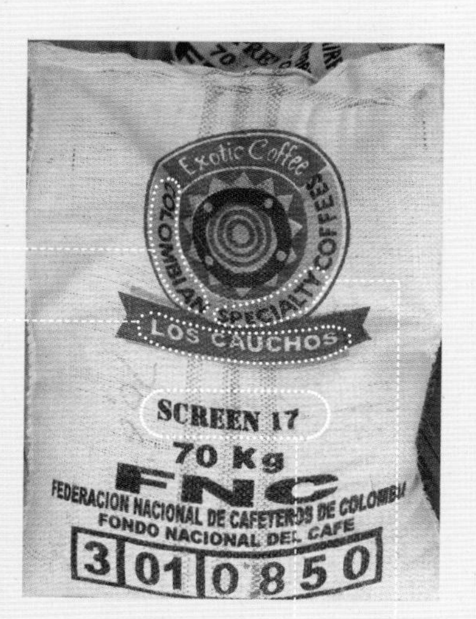


지역 이름
커피 종류

스페셜티 커피
스크린 17의 크기

이제 나라별로 구체적인 생두의 이름을 분석해보자.

A. 브라질Brazil: 커피 생산국 1위인 브라질은 산토스(혹은 상투스라 불림)라는 항구를 통해 수출되며 결점 수에 따라 No.2~No.8까지, 그린빈의 크기에 따라 Screen 14~20까지, 맛에 따라 Strictly Soft, Soft, Softish, Roy 등으로 표시한다.
ex) Brazil Santos No 2 Screen18, Strictly Soft

B. 콜롬비아Colombia: 콜롬비아는 콩의 크기에 따라 Supremo와 Excelso로 구분하는데 크기가 큰 것이 수프리모Supremo이며 더 고급 커피로 불린다. 이때 나리뇨는 생산되는 지역의 이름이다.
ex) Colombia Supremo Narino

C. 코스타리카Costa Rica / 과테말라Guatemala: 과테말라와 코스타리카는 생산 지역의 고도에 따라 SHBStrictly Hard Bean, HBHard Bean 등으로 구분한다. 고지대에서 자라 단단한 커피일수록 맛이 풍부하고 섬세하여 고급 커피에 속한다. 이때 따라쥬와 안티구아는 이 두 나라의 유명한 커피 생산 지역의 이름이다.
ex) Costa Rica SHB Tarrazu / Guatemala SHB Antigua

D. 온두라스Honduras / 엘살바도르El Salvador / 니카라과Nicaragua: 이들은 코스타리카나 과테말라와 달리 산지 고도에 따라 SHGStrictly High Grown, HGHigh Grown, Standard로 표시한다.

E. 멕시코Mexico: 고도에 따라 Altura, Lavado 등으로 구분하는데 알투라가 더 높은 지역에서 자라는 커피이다.

F. 케냐Kenya / 탄자니아Tanzania / 파푸아뉴기니Papua New Guinea : 크기와 맛에 따라 AA, A, B 등으로 구분한다.

G. 자메이카Jamaica: 블루마운틴Blue Mountain 지역에서 재배된 것은 크기에 따라 No.1, 2, 3으로 구분하여 표시하고, 그 외 지역에서 재배된 것은 High Mountain, Prime Washed로 구분한다.

H. 하와이Hawaii: 크기와 결점 수에 따라 Extra Fancy, Fancy, Prime으로 분류한다.

I. 인도네시아Indonesia: 결점 수에 따라 No.1~5로 표시하고, Robusta coffee일 경우 자연건조식은 AP, 수세식은 WIB로 표시한다.

# 집에서 커피 볶기

### 커피 볶기를 위한 준비

커피는 일종의 콩이다. 따라서 콩이나 깨를 볶을 때와 마찬가지로 간단한 도구들만 있으면 그만이다. 우선 커피콩을 그라인딩하고 추출하여 마실 수 있는 상태로 만들기 위해서는 열원이 필요하다. 가정이라면 휴대용 가스레인지나 가정용 가스레인지 혹은 스토브 정도면 충분하다. 가스레인지의 경우 부엌이나 가정에서 손쉽게 구할수 있을 뿐만 아니라 열조절이 쉬워 가장 편리하다. 또한 스토브의 경우 열량이 지나치게 적은 경우가 아니라면, 커피가 탈 우려가 없어 초보자가 볶기에는 좋은 도구이다. 한편, 나무를 태우거나 참숯을 이용하여 숯불 배전 커피를 볶을 수도 있다. 이 경우 열조절이 어려우나 숯을 다루는 노하우가 있다면 개성있고 독특한 맛의 탄화배전 커피를 만들어낼 수가 있다.

후라이팬이나 중국식팬 혹은 간단한 솥 이외에도 그것을 저어 줄 나무 주걱 같은 것이 필요하다. 밥을 풀 때 사용하는 플라스틱 주걱의 경우에는 커피를 볶다 보면 눌어서 타거나 냄새가 날 우려가 있으며, 쇠로 된 것을 사용할 경우에는 열전도율이 높아 손잡이가 뜨거워지므로 나무로 된 것이 좋다. 그리고 커피가 다 볶아졌을 경우를 대비하여 순간적으로 커피를 식혀줄 수 있는 망 같은 것이 필요하다. 국수 따위를 받치는 걸름망이나 옛날 가정에서 사용하던 체 같은 것이면 된다. 이때

위에서 선풍기 등으로 시원한 바람을 주는 것도 좋은데, 특히 커피를 볶는 양이 많을 경우 선풍기는 필수적이다. 가끔가다 커피 볶는 가게에서 로스터기 앞에 놓여 있는 높다란 선풍기는 커피를 식히는 데 도움을 주는 부가적인 쿨러Cooler의 역할을 하는 셈이다. 로스터는 커피를 볶는 동안 변화되는 커피의 색깔을 확인함과 동시에 이빨로 깨물었을 때의 아삭거리는 정도, 그리고 냄새와 오일의 정도를 판단하여 그 커피의 로스팅 포인트를 정한다. 그러나 만약 적절하게 커피를 재빨리 식히지 못하면 로스터의 결정과 상관없이 커피는 지속적으로 볶아질 것이다. 따라서 소홀하기 쉬우나 가능한 한 빨리 식혀 주는 것이야말로 실제로는 아주 중요한 마무리 작업이다.

**후라이팬으로 커피 볶기**

후라이팬이나 중국팬의 경우에는 수망과 달리 커피가 볶아지면서 변하는 색깔을

확인할 수 있는 장점이 있다. 반면 커피의 납작한 면이 팬의 바닥에 닿아 골고루 익지 않는 것은 단점이다. 커피는 흡수력이 강하다. 따라서 가정에서 사용하던 팬을 사용할 경우 남아 있던 기름냄새가 커피에 배게 되어 커피 맛을 망칠 우려가 있으므로 깨끗이 씻은 후 사용한다. 중국팬의 경우에는 가운데 부분이 좁고 둥글어 한쪽으로 커피가 쏠리는 것을 방지해 주므로 균일하게 되어 후라이팬보다 커피 볶기에 오히려 적합할 수도 있다. 팬으로 커피를 볶을 때에는 한쪽 면이 바닥에 붙어 타지 않도록 일정한 방향으로 젓는 것이 좋다. 로스팅 과정은 아래의 수망이나 로스터기의 경우를 참고하면 되겠다.

### 수망으로 커피 볶기

후라이팬이 아닌 새로운 도전을 원하는 경우에는, 커피나 커피기구 상점에서 수망이라 불리는 (손잡이와 뚜껑이 있는) 망을 구입해서 커피를 볶을 수도 있다. 수망에는 부엌의 가스레인지에 얹고 손으로 돌리는 기구, 또는 무게 100~800g 등 여러 기종이 있다. 모터가 없는 경우 손으로 지속적으로 쉬지 않고 흔들어 주어야 하기 때문에 손목에 무리가 가고, 수망의 뚜껑으로 인해 색깔을 확인할 수 없다는 점이 단점이나, 반면 콩이 골고루 익게 되는 장점이 있다. 그리고 수망의 열려진 면으로 인해 불이 콩에 직접 닿아 직화식으로 볶아지기 때문에 맛이 깔끔한 것이 특징이

**Tip. 커피를 볶으면 왜 기름이 나올까?**

커피에는 지방 성분이 9~20 % 들어 있으며 이는 로부스타보다 아라비카에 더 많다. 이 지방 성분이 커피를 볶는 과정에서 열분해 작용으로 커피 조직에서 유리되어 볶은 커피 표면으로 스며 나와 반짝이는 윤기를 띤다. 지방 성분은 볶음도가 강할수록 더 많이 나타나며 프렌치 이상으로 커피를 볶는 경우에는 볶는 동안에 지방 성분이 커피원두 표면으로 나타나게 된다. 볶은 커피 표면의 지방 성분이 액체로 되어 있는 것은 리놀산, 올레인산, 리놀렌산 등 불포화지방산이 많기 때문이다. 겨울에 볶은 커피표면이 서리가 내린 듯 하얗게 보이는 것을 간혹 볼 수 있는데 이것은 기온이 낮아 지방 성분이 응고되었기 때문이다. 이 불포화지방산은 공기 중의 산소에 의해 빠르게 변질되어 커피 맛 변화의 중요한 원인이 된다.

다. 어떤 도구로 어떻게 얼마만큼 단련하였느냐에 따라 커피의 맛이 달라지기 때문에 수망으로만 수년간 볶은 사람이 좋은 기계로 경험이 짧은 사람보다 훨씬 맛있는 커피를 만들어 내는 경우가 종종 있다. 본인이 쓰는 기계에 대해 얼마나 숙지하고 있느냐, 그 기계를 얼마나 최대한으로 이용하여 맛을 찾아내느냐가 얼마나 비싼 상업용 기계를 가지고 있느냐보다 더 중요하다. 물론 좋은 기계로 잘 구워진 커피가 가정용 후라이팬으로 구워낸 커피보다 훨씬 맛이 뛰어나리라는 것은 당연한 이치이다.

이제 수망으로 커피를 볶아보자.

a. 핸드픽한 커피를 수망에 넣어 열리지 않도록 뚜껑을 고정시킨다.
b. 가스불을 중간불 정도로 켜고 불 위에 10~15cm 정도의 간격을 두고 일정한 속도로 한 방향으로 둥글게 젓는다.
c. 실버스킨이 벗겨지기 시작하면 불을 조금 키우거나 불에 수망을 가까이 두어 첫 번째 팝핑이 시작되는 것을 돕는다.
d. 첫 번째 팝핑이 시작되면 라이트 로스팅으로 약약 배전이 되나 이 경우에는 마시기 적합하지 못하므로 불을 조금 줄이거나 수망을 불에서 조금 떼어 준다. 지나치게 불을 줄이거나 거리를 두어 첫 번째 팝핑이 일어나다 중단되지 않도록 주의한다. 콩마다 팝핑이 다 끝나고 맛을 숙성시킬 수 있도록 시간을 주면 빈은 가벼워지고 2차 팝핑을 할 준비를 하게 된다. 이때 불을 줄이게 되면 첫 번째 팝핑에서 두 번째 팝핑이 급속하게 진행하는 것을 막아줌으로써 깊이 있는 커피 맛을 유도해낼 뿐만 아니라 첫 번째 팝핑의 시간을 늘여줌으로써 얼룩이 지지 않고 일정한 커피의 색을 유도할 수 있다.
e. 두 번째 팝핑이 시작되면 이때부터 가벼운 중배전 정도의 시티 로스팅이 되는데 커피가 지닌 맛과 로스터의 스타일에 따라 로스팅 포인트를 잡는다. 두 번째 팝핑의 소리가 절정에 이르면 커피빈 표면에 기름이 살짝 비치는데 이때가

풀시티에 해당한다.

f. 로스팅의 완료시기를 결정하면 넓다란 체에 꺼내어 흔들어주거나 선풍기를 쐬어 콩을 재빨리 식힌다.

g. 두 번째 핸드픽을 행하고 숙성을 위해 하룻밤 놔둔다.

h. 분쇄하여 마신다.

수망 배전 시의 소요시간은 약배전에서 강배전까지 13~20분 정도로 둔다. 강배전일수록, 수분이 많이 포함된 생두일수록, 크기가 큰 콩일수록 로스팅 시간이 길다. 수망으로 볶을 경우 아무리 일정하게 커피를 저어주어도 기계에서 볶는 것과 달리 골고루 볶기가 어렵다. 따라서 수분의 함량이 많아 속까지 익히기 어려운 콜롬비아나 케냐, 탄자니아와 같은 커피는 초보자의 경우 피하는 것이 좋다. 자연건조되어

수분의 양이 적은 에티오피아 커피나 중남미계의 커피인 엘살바도르, 니카라과, 브라질 커피 등이 초보자가 볶기에 좋다. 혹은 카리브해의 자메이카나 쿠바, 도미티칸 리퍼블릭 빈이 수망으로 볶기에 좋은 커피들이다.

수망의 경우 콩의 색깔을 확인하기가 어렵다. 거듭된 경험으로 인하여 숙달된 경우에라야 집중하여 소리로 빈의 볶은 상태를 추측할 수 있게 된다. 또한 기계와 달리 수망 내의 온도를 확인할 길이 없다. 따라서 로스팅을 할 때마다 불의 세기에 미세한 차이가 발생하기 쉽다. 초보자의 경우 소리와 더불어 번거롭더라도 뚜껑을 여러 차례 열어 볶아지는 빈의 색깔을 확인하는 것이 좋다. 원하는 색깔의 샘플을 곁에 두고 비교해 보는 것도 좋은 방법이다. 이때 기름이 커피 표면에 비치지 않은, 볶은 시간이 얼마되지 않은 콩을 샘플로 정하는 것이 비교하기에 좋다.

수분의 함량이 많은 생두의 경우에는 커피를 두 번 볶아내는 더블배전이라는 것을 하는데, 이를 통해 수분을 적절히 제거해 주어 커피 속까지 골고루 잘 익게 한다. 즉 첫 번째 커피를 볶을 경우에는 중간불에서 커피의 수분이 빠져나갈 정도, 노란색이 돌 정도 까지만 볶은 다음 콩을 식혀 준다. 그런 다음 다시 수망에 넣고 보통 배전하는 것과 같은 방식으로 두 번째 로스팅을 진행하면 된다. 햇콩의 경우 묵은 콩에 비해 수분의 함량이 많으므로 더블배전을 하면 좋다.

## 로스터기와 로스팅 하우스

커피 볶는 집들은 대부분 소규모 커피숍의 형태를 취하는 경우가 많다. 이들은 숍 안에 500g 혹은 1kg 로스터기부터 3kg, 5kg 정도 크기의 로스터기를 두고 커피를 볶으면서 볶은 커피도 판매하고 잔으로 마실 수 있는 커피 음료도 제공한다. 보통 3~15kg의 기계를 사용하나 가장 많이 사용하는 것은 1kg과 5kg의 로스터기이다. 커피숍의 공간이 넓거나 아래 위층에 따로 제조공간을 설치할 경우 15kg 이상,

25 kg의 로스터기를 사용하기도 한다.

로스팅을 직접 할 경우 배전하는 기술에 따라 대기업의 유명 브랜드 커피보다 훨씬 맛있고 신선한 커피를 만들어낼 수가 있다. 뿐만 아니라 판매 시 상품의 설명을 고객에게 보다 잘 전달할 수가 있다. 자가 배전숍의 경우에는 로스터기와 그라인더 그리고 생두와 그에 필요한 공간 및 소도구들이 필요하므로 초기자본이 일반적인 커피전문점보다 최소 천만 원에서 몇천만 원까지 더 든다. 그러나 반면 커피를 볶는 기술이 뛰어나 맛으로 고객을 사로잡을 수만 있다면 개인이나 사무실 혹은 로스팅을 하지 않는 다른 커피숍 등에 커피를 판매할 수도 있다. 커피 볶는 집의 가장 큰 장점은 신선한 커피를 고객에게 제공하는 데 있다. 그 어떤 제품도 갓 볶은 커피가 주는 신선함을 선사할 수는 없기 때문이다. 게다가 아무리 뛰어난 포장 기술도 갓 볶은 커피의 신선함을 따라갈 수는 없다. 커피란 향미 제품으로 향이 달아나면 맛도 달아나기 때문에 커피를 포장하는 기술은 그 향미를 최대한 잡아두기 위한 추가적인 기능에 다름 아니기 때문이다.

로스팅 후 냉각하는 과정

**필요한 도구들**

로스팅할 때 필요한 도구로는 로스터기, 샘플 로스터기, 그라인더, 실링기, 커피봉지, 아로마 밸브를 부착하는 기계, 커피 담는 통, 초시계, 생두스쿱, 저울 등이 있다.

### 샘플 로스터기

작은 샘플 로스터기는 그 구조가 간단하여 더러 직접 제조하여 사용하기도 한다. 몇십만 원대의 저렴한 기계들부터 몇백만 원짜리까지 다양하다. 전기를 이용하는 것부터 가스를 이용하는 것 등 종류도 여러 가지다. 큰 기계에 볶는 것만큼 맛이 풍부하진 않지만 적은 양의 원두를 200g이나 500g 단위로 볶아 그 맛을 테스트 하거나 가정에서 간단하게 커피를 볶기에는 괜찮은 기구들이다. 작은 로스터기를 업소에서 사용할 경우에는 다양한 종류의 배전을 할 수가 있어 좋은 반면 주문이 많을 때는 같은 종류를 여러 번 볶아야 하므로 효율성이 떨어진다는 단점이 있다. 볶는 방법은 로스터기를 참고한다.

### 업소용 로스터기

한국의 경우 로스터기는 1990년대에 도입되었다. 그 이후 로스터리숍이라 불리는 커피 볶는 집들이 하나 둘씩 등장하였다. 그리고 현재 커피 볶는 집은 커피교실과 더불어 지역문화로 성장해가고 있다. 현재 한국에서 가장 많이 쓰고 있는 로스터기는 국산인 이멕스와 태환을 비롯하여 독일의 프로밧Probat과 일본의 후지로얄Fuji Royal을 들 수 있다.

a. 이멕스: 할로겐 히터, 원적외선의 방소로 열 침투력이 매우 강하다.
b. 태환: 1993년 곡물 자동볶음기로 시작, 국내 점유율 70 %, 반열풍 반직화.
70kg~1kg 5종, 공냉방식 전용모터 사용, 원두의 냉각효과 극대화.
집진 기능이 뛰어나 분진 연기 수증기 방출이 빠르며 배기량을 정밀 제어할 수

후지로얄 5kg

있다.

c. 프로밧: 1968년 독일Emmerrich지방에 설립.

1870년 로스팅 컨테이너 제작을 시작으로 1884년 최초 고속 드럼형 로스터기.

1885년부터 '프로밧' 이라는 이름으로 제품이 나오기 시작.

댐퍼Damper의 기능이 없으나 외부의 변화에 덜 민감하여 커피 맛이 안정적이다.

d. 후지: 70년 된 회사, 3종 대형 로스터기, 4종 소형 로스터기, 댐퍼의 조절로 개인의 개성을 보다 잘 표현할 수 있는 이점利點이 있다.

로스터기는 로스팅 방법에 따라 크게 두 가지로 분류된다. 가스나 나무 혹은 숯에 의해 가열되는 드럼 타입의 로스팅 머신과 플러드 배드A fluid-bed roaster로도 불리는 핫 에어 로스터Hot Air roaster가 그것이다.

그 외에도 분류 방법을 기능에 따라 나누어보면, 다섯 가지로 나눌 수 있다. 첫째 커피를 볶는 방식에 따라 자동과 반자동으로 분류한다. 그린빈을 넣고 버튼만 눌러 주면 볶아져 나오는 것이 자동인 반면 가스와 내부의 열기의 정도를 조절해 주어 볶는 정도를 결정해야 하는 것이 반자동이다.

둘째 사용 용도에 따라 가정용, 숍용, 공장용으로 분류한다. 가정용에는 주로 수망이나 작은 샘플 로스터기가 사용되며 숍용으로는 1kg~25kg의 것들이, 공장용은 그 이상의 규모가 사용되나, 숍이나 공장의 크기에 따라 숍에서 주로 쓰는 것이 공장에서 사용되기도 한다.

셋째 원두가 불에 닿는 형태에 따라 직화식, 반열풍식, 열풍식으로 분류된다. 3~15kg까지는 주로 직화나 반열풍으로 되어 있으나 그 이상은 완전 열풍인 경우가 많다. 직화나 반열풍의 경우 가스 버너가 드럼의 중앙이나 아래에 위치하여 있으며 여러 개의 불꽃으로 이루어져 있다. 이에 반해 완전 열풍은 드럼의 옆에 위치하여 불꽃이 하나이다. 직화는 드럼에 구멍이 나 있어 드럼 안으로 불꽃이 직접 생두에 닿으나, 반열풍의 불꽃은 드럼에 닿긴 하나 구멍이 없으므로 내부에 있는 콩까지 이르진 못한다. 그 대신 드럼의 구석에 있는 구멍으로 뜨거운 바람이 들어가 배전

첫째, 수분이 제거되는 과정Drying Phase이다. 이는 전체 사이클의 1/2에 해당하는 흡열과정으로, 빈의 냄새는 빵 냄새처럼 변하고, 색깔은 노란색으로 변한다.

둘째, 로스팅 과정Roasting Phase이다. 이 단계에서는 수많은 복잡한 열분해 반응이 일어나 생두가 볶아진 원두커피의 구성요소로 바뀌는 과정이다. 각 셀 사이에 발열반응이 일어나고 콩의 화학 성분은 극적으로 변한다. 많은 양의 이산화탄소를 내보내고 커피에 맛과 향을 주는 수많은 대체물들로 구성하는 단계이다. 이때 콩의 색깔은 진한 갈색으로 변한다. 열분해는 약 160℃에서 시작되어 190~210℃ 사이에 극에 달한다. 그리고 나서 휘발성 물질이 나오면서 흡열이 되고 210℃ 부근의 마지막 단계에서 다시 발열이 된다. 때때로 220℃까지 커피를 볶기도 하는데 이는 아주 진한 로스팅Very Dark Roasting을 위한 것이다. 이러한 흡열과 발열의 변화는 커피콩의 팝 되는 소리로 알 수 있다. 커피 내부 압력의 증가로부터 셀이 폭발하는 2차 팝핑은 로스팅이 끝나감을 알려준다. 불꽃놀이와 비슷한 그 소리는 포함된 에너지의 양에 대한 아이디어를 제공해주는 것이다.

셋째, 커피를 식히는 과정Cooling Phase이다. 이는 신선하게 로스팅된 커피가 방의 온도로 되돌아오는 단계를 말한다.

### 로스팅의 단계

로스팅의 정도, 즉 커피를 볶는 정도는 커피를 볶는 시간을 길게 하느냐 짧게 하느냐와도 관련이 있다. 흔히 약배전이라고 하면 강배전보다 볶는 시간이 짧다. 물론 로스터에 따라 약한 불로 장시간 볶는 사람이 있고 센 불로 재빨리 볶는 사람이 있어 어떤 사람의 약배전이 또 다른 사람의 강배전보다 시간상 길 수가 있다. 그러나 같은 커피를 같은 온도와 불의 세기에서 볶을 경우 약배전은 강배전보다 더 빠른 시간 안에 커피를 볶는 것을 의미한다. 눈으로 보지 않고도 어느 정도로 커피를 볶았는지 이해하기 쉽도록 커피 로스팅의 단계를 정했다. 나라 이름에 따른 분류와 미국에서 부르는 로스팅의 단계가 있다. 그리고 마지막으로 한국이나 일본에서 흔히 쓰는 8단계 구분이 있다.

### 나라 이름에 따른 분류

| 스타일 | 특징 |
|---|---|
| 뉴잉글랜드 스타일 | 연한 갈색 |
| 아메리카 스타일 | 중간 갈색 |
| 비엔나 스타일 | 검은색이 약간 섞인 갈색, 기름이 약간 비치기도 함 |
| 프렌치 스타일 | 좀 더 검은 갈색, 기름기가 약간 더 비침 |
| 에스프레소 스타일 | 검은 갈색, 많은 기름이 비침 |
| 이탈리아 스타일 | 검은색에 가깝고 기름이 많이 비침 |
| 다크 프렌치, 스페인 스타일 | 검은색, 기름이 번지르르 함 |

### 미국에서 부르는 로스팅의 단계

| 스타일 | 특징 |
|---|---|
| 시나몬 | 연한 갈색 |
| 라이트 | 보통 미국인이 마시는 평균 중 가장 연한 정도 |
| 미디엄 | 중간 갈색 |
| 미디엄 하이 | 미국인들이 마시는 평균 정도 |
| 시티 | 보통보다 약간 검게 |
| 풀시티 | 좀 더 검으면서 표면에 기름이 살짝 비침 |
| 다크 | 검은 갈색, 기름이 번지르르, 에스프레소나 프렌치 스타일과 비슷 |
| 헤비 | 거의 완전히 검은색, 기름기가 많이 비치고 이탈리아 스타일과 동일 |

**로스팅의 8단계**

| 스타일 | 특징 |
|---|---|
| 라이트(최약배전) | 로스팅의 초기단계, 음료로 부적합, 테스트용, 향이나 고미 거의 없음, 황색을 띤 소맥색 |
| 시나몬(약배전) | 강한 신맛, 시나몬 색, 미 서부지역에서 선호 |
| 미디엄(약강배전) | 향이 좋고 마일드한 맛, 밤색, 감미로운 신맛과 쓴맛, 블렌드용 아메리칸 커피로 쓰임 |
| 하이(중약배전) | 신맛으로 조화를 이룬 쓴맛, 갈색 |
| 시티(중중배전) | 신맛보다 쓴맛이 균형있게 조화, 다갈색, 뉴욕에서 선호 |
| 풀시티(중강배전) | 신맛이 없으며 쓴맛이 주, 아이스커피용, 흑갈색 |
| 프렌치 (강배전) | 흑갈색, 오일이 비침, 에스프레소용 |
| 이탈리안(최강배전) | 흑색에 가까움, 쓴맛이 강하고 오일이 많이 비침, 일본식 아이스커피용 |

라이트 시나몬 미디엄 하이

시티 풀시티 프렌치 이탈리안

때때로 프렌치, 이탈리안 로스트를 다크 로스트 혹은 헤비 로스트로 부르기도 하며, 그 커피회사의 입장에 따라 미디엄/다크 혹은 라이트/미디엄/비엔나/프렌치로 분류하기도 한다. 로스팅을 미디엄이나 다크로 나누지 않고 각 산지별 커피가 가진 적절한 포인트를 찾아 로스팅을 하는 경우 이를 옵티멀Optimal로스팅이라고도 한다.

흔히 라이트로 로스팅이 된 빈은 날카롭고 신맛이 강하기 때문에 에스프레소용으로 쓰는 것을 꺼려하는 반면, 오일이 비치는 강배전의 경우 카페인과 신맛이 줄어들어 에스프레소용으로 많이 쓰인다. 스모키한 맛이 나는 최강배전인 경우 에스프레소보다는 오히려 드립 커피에 적합하다.

**로스팅에 따른 성분의 변화**

앞서 이야기한 첫 번째 팝핑은 열반응Pyrolysis으로, 수분들에 의한 소리이다. 콩의 내부에서는 당분들의 캐러멜화가 진행이 되고 콩의 조직에서 나온 수분들이 카본 디옥사이드 즉 가스인 이산화탄소로 분열이 된다. 이러한 내부의 변화과정에서 틱틱거리는 소리가 나는데 이를 첫 번째 팝핑이라고 한다. 반면에 두 번째 팝핑은 세포의 조직들이 파괴되는 소리들이다.

생두가 원두로 바뀌는 내부의 변화 속에서는 표면의 공기구멍이 커지는데 이를 다공질 상태로 변한다고 말한다. 이렇게 된 원두는 수분과 공기를 잘 흡수할 수 있게 되는데 그만큼 맛과 향이 빨리 사라지게 되는 것이다. 커피의 맛을 좌우하는 캐러멜화된 당분들은 카본 디옥사이드로 변화되는데 이는 향기에 영향을 줄 뿐만 아니라 물에 녹아 신맛을 내기도 한다. 한편으로는 맛의 오일들이 산소에 노출되어 맛을 잃게 되는 것을 방지해 주기도 한다. 일반적으로 24시간 안에 이 가스의 40 % 가량이 방출되기 때문에 갓 볶은 커피는 가스가 많아 거품도 많이 일어나고 맛이 거칠다. 볶은 후 30일 동안 서서히 가스가 방출되는데 가스가 다 빠져버리면 커피의 맛도 사라지므로 산소에 노출되지 않으면서 맛을 유지하기 위한 보관기술이 중요하다. 또한 커피는 보통 숙성시킨다고 표현하기도 하는데, 볶은 후 하루 정도 지나고 커피를 마시는 것이 좋다. 반면 강배전한 커피는 원두 표면이 다공질의 상태로 되어 물을 흡수하기 때문에 추출 시 약배전 혹은 중배전 커피보다 덜 부풀어 오르게 된다.

커피의 화학적 변화를 수치화된 개념으로 다시 정리하자면 이렇다. 커피를 볶는 과정에서 커피의 전체무게는 약 14~20 % 감소된다. 이는 생두 안에 있던 수분이 빠져나가기 때문이다. 그리고 콩의 크기는 55~100 % 팽창한다. 이는 콩의 내부 압력이 커지기 때문이다. 또한 화학변화에 의한 승화 등에 의해 감량이 생성되고 당분이나 전분질의 일부 및 섬유질 조성 등이 캐러멜화하여 팽창되는 것이다. 그리고 수분이나 휘발성 물질이 가열에 의해 증발되므로 300~500 % 정도의 탄산가스가 배출된다. 이렇게 배출되는 탄산가스는 일부는 공기 중에 흩어지고 다른 일부는 원두의 내부에 잔류하게 된다.

### 커피의 성분

우리가 커피 맛으로 느끼는 것은 캐러멜화된 당분들과, 맛의 오일들, 트리고날린, 퀴닌산, 니콘틴산 등이다. 특히 커피에는 지방 성분이 9~18 % 들어 있으며 로부스타보다 아라비카에 더 많은데 이는 로스팅 시 열분해 작용으로 커피 조직에서 유리되어 로스팅된 커피 표면으로 나와 윤기를 띠게 되는 것이다. 커피 표면의 지방 성분이 액체상태로 되는 것은 리놀산, 올레인산, 리놀렌산 등 불포화지방산이 많기 때문인데, 이 불포화지방산은 공기 중의 산소에 의해 빠르게 변질되어 커피 맛 변화의 중요한 원인이 된다.

생두를 구성하고 있는 성분은 가장 많게 탄수화물 37~55 %, 수분 10~13 %, 지방질 9~18 %, 단백질 11~13 %, 무기질 3.0~4.5 %, 카페인 0.9~2.4 %, 각종 산성 성분 5.5~10 % 등이다. 커피의 생두에 함유된 성분은 2천여 가지가 넘는데 이 중에서 생두로 로스팅을 할 경우 커피원두에 함유된 성분은 700종 이상 정도 된다. 물론

생산지, 품질, 저장조건 등에 의해 다소 차이가 있으며 또한 연구자의 분석 방법이나 분석 조건에 따라 다르다.

로스팅에 의한 미각 성분을 보면, 신맛과 쓴맛 단맛과 떫은맛이 있다. 신맛을 이루는 요소는 클로로겐산, 구연산, 초산, 사과산 등의 유기산이다. 신맛 가운데에서도 감귤계통의 감미로운, 산뜻하면서도 상쾌한 신맛이 선호된다. 약배전Light roasting이 강배전Dark roasting보다 신맛이 강하며, 품종별로는 아라비카 종이 로부스타 종보다 신맛이 강하다. 그리고 같은 품종의 경우 고지대 쪽이 저지대보다 신맛이 강하다. 커피에서 쓴맛을 빼면 커피의 맛이 없어지는데 그 쓴맛의 가장 중요한 요인은 로스팅에 의해 생성되는 클로로겐산의 종합물이다. 즉 기타의 클로로겐산을 함유하는 폴리페놀류, 칼슘, 마그네슘 등의 금속염, 탄닌, 당분, 전분류, 섬유질 등이 열처리 되어 캐러멜화가 되고 쓴맛이 생성된다. 원두에 함유되어 있는 1.1 % 정도의 당분이 단맛을 낸다. 또한 양질의 탄닌도 단맛을 함유하고 있으며 이들의 상승효과로 전체적인 단맛이 생성된다. 한편 커피의 떫은맛은 탄닌과 클로로겐산이 원인이다. 탄닌이 산화되면 떫은맛이 나오므로, 추출한 후 가능한 신속하게 마시는 것이 좋다.

로스팅에 의해 가장 많은 변화를 일으키는 것이 향기 성분이다. 생두에 있는 수종류의 향기 성분은 로스팅 후 수백 종류로 증가된다. 이 향기 성분은 각각의 로스팅 단계마다 복잡한 화학 반응 과정을 거쳐 생성되므로 로스팅 정도에 따라서 선호되는 향이 달라지게 되는 것이다. 이 가운데 커피다운 향을 가장 많이 느끼게 하는 향기 성분은 트리메틸 피라진Trimethyl pyrazin과 달콤한 로스팅 향인 디아세틸Diacetyl이나 풀푸랄Furfural 등을 꼽을 수 있다. 그 밖에도 신맛이 있는 우유와 같은 후세이톤Fuseiton, 캐러멜 향이 특징인 사이크로란Cycloran이나 만니톨Manitol등이 있다. 독특한 커피의 향을 내는 성분으로 카페올Cafeol이 있으며 이는 일종의 지방으로 성질은 카페인과 유사하다. 이 향을 소실시키지 않기 위해서는 로스팅한 원두의 보존에 세심한 배려가 필요하다.

# 배합의 미학, 블렌딩

## 블렌딩 방법

블렌딩Blending이란 여러 가지 커피를 섞어 새로운 맛을 창조하는 것이다. 즉 단종 커피가 한 종류의 커피만을 사용한 볶은 커피를 의미한다면, 개성 있는 여러 가지 커피를 적절한 로스팅 정도와 배합비율로 섞어 하나의 새로운 맛을 탄생시키는 것이 블렌딩 커피이다. 이를테면 A와 B라는 커피를 섞어 C라는 새로운 커피를 만들어내는 것이다. 스트레이트 커피는 그 커피가 원래 지니고 있는 개성적인 맛을 추구하기가 쉽고, 블렌드 커피는 조화된 맛과 향을 추구할 수 있다. 스트레이트 커피는 생산 국가명, 수출 항구, 등급 등을 그대로 상품명으로 사용하나, 블렌드 커피는

로스터Roaster나 블렌더Blender에 의해 창조된 것이므로 그 맛에 적절한 이름을 붙이면 된다. 때로는 그 블렌딩이 특정한 시기에 특별한 목적을 위해 만들어질 수도 있으며 때로는 특정한 맛을 위해 창조될 수도 있다.

크리스마스 블렌딩으로 가족을 위한 따뜻함이 컨셉이라면 그에 맞는 맛을 창조해낸 후 '크리스마스 실버Christmas silver 블렌드' 가을에 판매할 블렌드라면 '오텀Autumn 블렌드' 등으로 이름마저 창조해낼 수 있다. 혹은 원하는 맛이나 사용한 커피를 붙여 만들 수도 있다. 그 대표적인 예가 '모카 자바 블렌드' 인데, 이는 모카커피와 인도네시아 자바 커피를 섞어서 만들었다는 뜻이다. 혹은 '블루마운틴 블렌드' 등을 붙이면 블루마운틴을 중심으로 다른 커피를 섞은 블렌드이다. 그리고 또 하나 흔히 쓰는 표현은 가게의 이름이나 그 블렌딩을 한 사람의 이름을 붙이는 경우이다. '커피스트 하우스 블렌드', '홍길동 블렌드' 가 그것이다. 몇몇 로스터리숍들은 대표적인 블렌드 커피 하나로 승부를 하는 경우가 있다. 다방커피의 시대가 지나고 원두커피 전문점이 등장했을 때 블루마운틴이 가장 비싼 원두커피였다면, 하우스 블렌드는 가장 싸고 무난하게 선택할 수 있는 메인 메뉴였다. 그러나 사실상 하우스 블렌드라고 하면 그 집을 대표하는 얼굴 같은 커피이다. 그 집을 떠올리면 그 집의 커피 맛이 떠올라야 한다. 그러니 일반적이고 무난한 커피가 아니라 가장 심각하게

**Tip. 어떤 커피가 에스프레소에, 드립 커피에, 혹은 프렌치 프레스에 좋은가?**

에스프레소는 에스프레소용으로 블렌딩된 커피가 가장 좋다. 그러나 블렌딩된 커피를 원치 않는 경우에는 강배전된 커피나 강배전과 중배전을 섞어 블렌딩한 커피를 택한다. 왜냐하면 약배전은 에스프레소용으로는 너무 신맛이 강하기 때문이다. 약배전이 아니더라도 신맛이 강한 커피를 피하는 것이 좋다.

드립 커피는 어떤 종류의 로스팅도 다 잘 소화해낼 수 있다. 쓴맛을 원할 경우 강배전을, 과일맛과 같은 신맛을 원할 경우에는 약 · 중배전을 권한다. 개인의 기호에 따라, 각 산지별 맛의 특성에 따라 적절히 선택할 수 있다.

프렌치 프레스는 강배전이나 믹스Mix된 커피가 적합하다. 약배전의 경우 플런저의 압력이 신맛을 강하게 만들어 커피의 신맛이 더욱 날카롭게 변하기 때문이다.

고려되고 블렌딩된 커피여야 하는 것이다.

또한 집집마다 두드러지게 커피의 맛이 달라야 함은 두말할 나위도 없다. 가격은 크게 문제가 되지 않는다. 가장 싼 가격으로 블렌드 커피가 메뉴화되었다면 가장 쉽게 접근하여 잊을 수 없는 커피가 되면 된다. 가장 비싼 커피가 되었다면 블렌딩의 노하우와 그 맛의 특징이 스트레이트 커피보다 가치 있으면 되는 것이다. 중요한 것은 블렌딩에 얼마나 심혈을 기울였는가 하는 데 있다. 따라서 스트레이트 커피는 생두의 품질이 우수해야 하며, 블렌드 커피는 생두의 품질뿐만 아니라 고도의 로스팅 기술과 커피의 맛과 특징에 대한 폭넓은 지식까지 수반되어야 한다. 블렌딩을 돕기 위해 로스팅에서 설명된 커피빈의 특징을 다시 한 번 정리해보자.

- 중후한 바디감: 브라질, 인도네시아
- 바디감과 부드러움: 콜롬비아, 멕시코, 파푸아뉴기니
- 상큼한 맛: 콜롬비아, 코스타리카, 과테말라, 기타 Central America
- 풍부한 향기, 산뜻한 신맛: 케냐, 과테말라, 모카

다시 말하면 블렌딩이란 스트레이트 커피가 가지고 있는 특징을 살리되 그 커피가 가지고 있지 못한 맛을 다른 커피들로 보완하는 과정이다. 생두의 퀄리티가 훌륭할수록 스트레이트를 즐기는 묘미는 더할 나위 없이 크다. 왜냐하면 각 커피가 갖는 특징이 그대로 살아 있기 때문이다. 상큼한 하루를 시작하고 싶을 때는 코스타리카 커피를, 부드럽고 편안한 오후를 만끽하고 싶을 때는 콜롬비아를, 외로움을 달래고 싶을 때는 묵직하고 바디감 있는 만델링을, 이런 식으로 그날의 분위기나 함께 있는 사람들에 따라 다른 커피들을 즐기면서 커피의 산지에 와 있는 상상을 한다면 커피를 한층 풍요롭게 즐길 수 있을 것이다.

이처럼 각 커피의 특징을 살려 음미할 수 있는 것이 스트레이트 커피의 특징이라면 블렌드 커피의 묘미는 한마디로 '조화'이다. 신맛이 살아 있는 커피와 쓴 커피 맛의 조화, 가벼운 커피와 무거운 커피의 조화, 단순하지만 든든한 맛의 커피와 가벼운 듯하지만 복합적인 커피들 그리고 거기에 맛의 힌트를 줄 수 있는 커피를 섞고 묵직한 바디감으로 마무리를 한다. 그리하여 바디감이 좋으면서 가볍지 않고 신맛과 쓴맛이 어느 쪽으로도 치우치지 않는 커피를 만난다면, 그 맛의 환상적인 조화에 눈물이 날 지경이라면 이보다 더 바랄 것이 없을 것이다.

블렌딩을 하기 위해서는 우선 그 목적과 원하는 맛에 대한 그림이 분명해야 한다. 에스프레소를 위한 블렌딩을 할 것인지 아니면 핸드 드립을 위한 것인지 혹은 아이스커피를 위한 것인지에 대한 목표가 있어야 한다. 에스프레소용으로 블렌딩을 하고자 하면 원하는 맛은 강한 바디감과 묵직함을 원칙으로 할 것이다. 그리고 그 안에 신맛을 어느 정도로 가미할 것인지, 쓴맛을 위주로 신맛을 배제할 것인지를 결정하게 된다. 반면 드립용으로 블렌딩을 할 경우에는 산뜻하고 깔끔함이 전제될 것이다. 왜냐하면 에스프레소 커피와 달리 드립 커피가 주는 특징이 깔끔한 깊이이기 때문이다.

그러자면 각 나라별 커피가 갖는 맛의 특성을 잘 알아야 한다. 원하는 맛에 대한 전체적인 그림이 그려졌다면 이제 세밀하게 그 맛을 표현해내야 한다. 바디감에 신

서 막을 형성한다. 컵핑 숟가락으로 부드럽게 저으면 물의 온도에 의해 여러 가지 기체가 발생하는데, 이 기체들을 코로 길게, 깊이 들이마신다. 이때 맡을 수 있는 냄새는 과일 냄새, 풀 냄새, 견과 냄새 등 다양하다. 컵핑을 반복하다 보면 이런 여러 가지 냄새를 분류하고 구별할 수 있게 된다. 일반적으로, 커피의 향은 커피의 종류에 따라 다르다. 그리고 향의 강도는 커피콩을 볶을 때부터 분쇄할 때까지의 시간에 좌우된다. 다시 말해서, 커피콩에 수분과 산소가 얼마나 함유되어 있느냐에 따라 좌우되는 것이다.

c. 맛

컵핑의 세 번째 단계는 막 추출된 커피의 맛을 평가하는 것이다. 컵핑용 숟가락(8~10ml의 액체를 뜰 수 있고 열이 빨리 전도되도록 은도금되어 있는 둥근 수프용 숟가락)으로 추출된 커피를 6~8ml 떠서 입 바로 앞에 대고 쉬-잇 빨아들인다. 이런 식으로 마시면 커피가 혓바닥 골고루 퍼지며 그에 따라 모든 말초 신경이 단맛, 짠맛, 신맛, 쓴맛 등 네 가지 맛에 즉각 반응한다. 온도는 자극을 느끼는 데 매우 중요한 영향을 끼치므로, 맛을 어디서 느끼느냐가 맛의 특성을 구분하는 데 도움이 된다. 이를테면 온도는 단맛을 감소시키므로 새콤한 커피는 처음에는 부드럽게 느껴지지 않고 혀끝이 얼얼한 것 같은 느낌을 준다. 그러므로 커피를 3~5초 동안 입안에 머금고 맛의 방향과 강도에 주의를 기울여야 한다. 그래야 커피의 1차적인 맛과 2차적인 맛을 알 수 있기 때문이다.

컵핑하는 장면들

d. 냄새

네 번째 단계는 세 번째 단계와 동시에 이루어진다. 추출된 커피가 혓바닥에 고루 퍼지면 커피에 함유된 액체 상태의 유기 물질들이 증기압의 변화에 따라 기체 상태로 변한다. 그러므로 커피를 강하게 빨아들이면 이 기체들이 콧구멍으로 들어가 냄새를 분석할 수 있게 된다. 맛과 냄새를 동시에 평가하는 이 방식을 쓰면 커피의 독특한 맛과 향을 구분할 수 있다. Standard－roast 커피는 황설탕을 만들 때의 냄새가 나고, Dark－roast 커피는 건류乾溜할 때의 냄새가 난다.

e. 뒷맛

커피의 뒷맛을 평가하는 이 다섯 번째 단계는 커피를 몇 초 동안 입안에 머금고 있다가 꿀꺽 삼키면서, 후두를 수축시켜 입천장 뒤쪽에 남아 있는 증기를 콧구멍 속으로 보냄으로써 이루어진다. 뒷맛을 내는 물질은 다양한 맛과 향을 낸다. 초콜릿처럼 달콤한 맛, 모닥불이나 담배 연기 같은 냄새, 정향丁香처럼 혀를 톡 쏘는 향신료 맛, 소나무 수액 맛, 또는 이런 다양한 맛과 향이 합쳐진 것 같은 맛과 향 등이 있다.

f. 밀도

이 마지막 단계에서는 혀로 입천장을 고루 훑으면서 촉감을 느껴 본다. 미끌미끌한 느낌은 커피에 함유된 지방을 나타내고, 끈적거리는 듯한 느낌은 커피에 함유된 섬유질과 단백질을 나타낸다. 이 두 가지 느낌이 바로 커피의 밀도를 이룬다. 커피가 식으면 위에서 말한 3단계에서 5단계까지, 즉 맛과 냄새와 뒷맛을 평가하는 과정을 반복한다. 커피를 식히는 이유는, 온도가 네 가지 기본 맛에 영향을 끼친다는 것을 감안하여 보다 정확하게 맛과 향을 평가하기 위해서이다.

컵핑을 할 때에는 적어도 둘 이상의 커피콩 표본을 가지고 비교하면서 하는 것이 일반적이다. 그래야 맛과 향의 일관성이나 유사성을 판단할 수 있기 때문이다. 일관성을 시험할 때에는 같은 표본으로 3~4컵을 만들어 컵핑하고, 유사성을 시험할 때에는 같은 표본으로 1컵 이상을 만들어 표준 표본과 비교한다. 이렇게 하면 커피콩마다의 미묘한 맛과 향의 차이를 분석할 수 있을 뿐만 아니라, 맛과 향의 특성을 기억해 두었다가 나중에 컵핑할 때 유용한 참고 자료로 쓸 수 있다.

많은 표본을 컵핑할 때에는 삼키지 않은 커피를 내뱉는다. 즉, 다음 표본을 평가하기 위해 입안을 깨끗이 하는 것이다. 경우에 따라 약간의 미지근한 물로 입안을 씻어내기도 한다. 여러 가지 맛과 향을 평가하다 보면 감각이 무디어지게 마련이므로, 맛과 향을 정확하게 평가할 수 있는 표본의 수의 한계가 있다.

마지막으로 커피의 맛과 향의 자극을 기억 속에 저장되어 있는 것들과 비교하면서 분석하는 능력은 마음가짐의 영향을 받는다. 그러므로 컵핑실에는 광경, 소리, 냄새 따위 외부적 방해물이 없도록 해야 한다. 그리고 지금 하고 있는 일에만 몰두해야 한다.

커피를 컵핑하는 법을 배울 때에는 특정 커피의 맛과 향을 잘 기록해 두는 것이 좋다. 다양한 맛과 향을 기억하는 것만으로는 부족하기 때문이다. 다음 페이지에는 커피의 다양한 맛과 향을 기록하는 데 길잡이가 되는 커피의 맛에 대한 표현들이 소개되어 있다. 커피의 맛과 향을 묘사하는 데 쓰이는 모든 용어가 망라되어 있는 것은 아니지만, 커피의 맛과 향에 관한 용어를 체계적으로 정리하여 쓰는 데 도움이 될 것이다.

## 커피 맛을 음미하는 데 도움을 주는 표현들

커피를 테이스팅할 때 가장 기본적으로 신맛과 바디감, 향과 아로마를 살핀다.

신맛Acidity: 신맛은 커피에 있어서 바람직한 성질의 하나다. 이는 커피에서 생성되는 건조한 느낌으로 혀 끝과 혀 안쪽에서 느껴진다. 커피에서 신맛 역할은 와인에서의 신맛과도 같다. 그것은 커피에 날카롭고, 밝고, 활기찬 성질을 불어넣는다.

신맛의 정도가 충분하지 않을 경우 커피 맛은 밋밋해지는 경향이 있다. 신맛은 시큼한 맛과 혼동되어서는 안되는데 시큼한 맛은 불쾌하고 부정적인 성질의 맛이다.

바디Body: 바디는 커피가 입 안에 있을 때의 느낌이다. 이는 혀에서 느껴지는 점성, 양감, 두터움, 풍부함 등으로 구성된다. 바디감의 좋은 예는 물과 비교하여 크림 성분이 많은 우유가 입 안에 있을 때의 느낌을 들 수 있다. 대개 인도네시아 커피들은 중남미 커피들에 비해 더욱 무거운 바디감을 갖는다. 그러한 커피는 우유로 희석되었을 때 그 맛을 더욱 잘 유지하는 속성이 있다.

향Aroma: 향은 맛Flavour과 불가분의 관계에 있는 느낌이다. 향은 우리가 혀에서 느끼는 맛을 구별하는 데 기여한다. '꽃향' 이나 '와인향' 과 같은 미묘한 차이는 커피의 향에서 비롯된다.

맛Flavour: 맛은 입 안에서 느껴지는 커피에 대한 전반적인 느낌이다. 상이한 로스트의 맛을 묘사한다는 것은 와인을 말로 표현하는 것만큼 주관적인 것이다. 와인이나 커피 두 경우 모두 개인적 취향을 대체할 수 있는 것은 없다.

이제 세부적인 맛의 표현들을 살핌으로써 커피의 맛을 보다 풍부하게 표현해 볼 수 있을 것이다.

| | |
|---|---|
| Aftertaste | 여운, 목 뒤로 넘어가는 맛 |
| Richness | 윤택함, 입안 가득 풍성하게 들어 있는 커피의 맛 |
| Fullness | 풍부함 |
| Complexity | 복잡성, 여러 가지 맛이 한 데 어울어져 있음 |
| Balance | 복합적인 풍미의 지각 균형, 기본적인 맛의 특징들 중 어느 하나가 튀지 않고 만족스러운 상태, 뚜렷하게 바람직한 풍미의 특징들을 표현하는 대표적인 단어 |
| Bright | 생기 있고 맛이 산뜻한 |
| Sharp | 자극이 강한 |
| Snappy | 향기가 강한 (중앙아메리카 커피의 대표적인 특징) |
| Caramelly | 캐러멜의 |

| | |
|---|---|
| Chocolaty | 사탕이나 시럽과 비슷한, 달지 않은 초콜릿 또는 바닐라와 비슷한 뒷맛 |
| Delicate | 섬세함, 혀의 끝에서 지각되는 미묘한 풍미(세척한 뉴기니) |
| Earthy | 흙 냄새 나는(수마트라 커피의 특징), 진흙을 머금을 때 느껴지는 케케묵은 느낌 |
| Fragrant | 향기로운 |
| Fruity | 꽃 향기에서 짜릿한 향기까지를 나타내는 향의 특징, 과일 같은 |
| Berry | 딸기 맛 |
| Citrus | 귤을 연상시키는 향의 특징 |
| Mellow | 농익은 |
| Nutty | 신맛이 부족하지만 완만하고 부드러운 맛, 견과류 같은, 볶은 견과류를 먹을 때 느낀 맛과 비슷한 뒷맛 |
| Spicy | 향신료를 연상시키는 풍미와 향 |
| Sweet | 감미로운 |
| Wildness | 야생의, 에티오피아 커피의 대표적인 특징, 보통 생각되지 않는 활력이 있는 풍미 |
| Winy | 포도주의 풍미가 있는, 잘 숙성된 와인을 연상시키는 뒷맛(케냐와 예맨 커피의 대표적인 특징) |
| Bitter | 쓴(보통 너무 오래 볶아서 생기는데 혀의 뒤쪽에서 느껴짐) |
| Bland | 밋밋한, 풍미에 있어서 중성적인 상태 |
| Carbony | 숯의, 타서 숯과 같이 진한 |
| Dead | 생기가 없는, 신맛과 향, 뒷맛이 부족한 상태 |
| Dirty | 탁한, 진흙을 머금을 때 느껴지는 케케묵은 느낌 |
| Flat | 단조로운, 신맛과 향, 뒷맛이 부족한 상태 |
| Grassy | 풀 냄새가 나는, 새로 깎은 잔디밭을 연상시키는 향과 풍미 |
| Harsh | 거친 |
| Caustic | 열렬한 |
| Clawing | 할퀴는 듯한 |
| Raspy | 성깔 있는 |
| Muddy | 탁한 |
| Thick | 걸죽한 |

| | |
|---|---|
| Dull | 무딘 |
| Musty | 곰팡내 나는, 다소 답답하거나 케케묵은 냄새(일부러 묵힌 커피에서도 느낄 수 있는, 항상 좋지 않은 특징은 아님) |
| Rioy | 요오드와 같은 특이한 냄새 |
| Rough | 거친 |
| Rubbery | 질긴, 탄 고무를 연상시키는 냄새와 풍미(대표적으로 자연건조 방식을 사용한 로부스타에서 발견) |
| Soft | 부드러운 |
| Bland | 풍미에 있어서 중성적인 상태 |
| Sour | 시큼한, 익지 않은 과일에서 느껴지는 시큼한 풍미 |
| Thin | 얇은, 대표적으로 추출 부족의 결과로 만들어진 결여된 신맛 |
| Watery | 물 같은, 입 안에서 느껴지는 농도나 점성의 부족을 말함 |
| Gamy | 기운찬, 용감한, 에티오피아 짐마가 대표적 |
| Clean | 깨끗한 |
| Green | 풀 같은 느낌이 나는 |
| Woody | 나무의 |

# 생산지별 커피의 맛

여기서 로스팅 포인트를 잡기 위해 간단하게 각 나라별 커피의 맛에 대해 언급해 보기로 하자. 크게 대륙별 혹은 인근 지역별 커피 생산국을 나누어 보면, 그들만이 가지고 있는 총체적인 맛이 보일 것이다. 이웃해 있는 나라일수록 맛이 비슷한데, 나중에 블렌딩을 위해서도 아주 유용하다. 에스프레소용 블렌딩이든 드립용 블렌딩이든 무언가를 섞는다는 것은 기본적으로 그 하나가 가진 맛의 부족함을 채워 보다 완성적인 맛을 창조하는 것이기 때문이다. 따라서 각 커피가 가진 맛을 아는 것이 바로 블렌딩을 잘 하기 위한 기본 베이스가 된다. 그리고 이러한 블렌딩을 위해서는 그 커피들이 가진 맛을 가장 잘 표현할 수 있는 로스팅을 해야 한다.

그 덩어리들을 남아메리카South America와 중앙아메리카Central America, 하와이와 카리브해Hawaii and the Caribbean, 아프리카와 아라비아East Africa and Arabia 그리고 아시아Asia로 나누어보자. 물론 브라질의 산토스 커피와 세하도 커피처럼 같은 나라의 경우라도 미묘한 맛의 차이가 나기는 하지만, 전체적으로 느껴지는 공통의 맛이 있기 마련이다.

**남아메리카South America**

콜롬비아Colombia · · · 바디감이 좋고 맛이 풍부하다. 흔들림 없이 단단하고 견고하다. 그러면서도 복합적인 맛들이 조화를 이루어 우아하고 편안하다. 블렌딩에서는 브라질과 같은 틀에 형태를 만들어줌으로써 조연의 역할을 훌륭하게 해낸다. 콜롬비아 생두는 크기가 크고 단단하다. 따라서 내부까지 불길이 골고루 닿도록 불조절에 주의를 기울여야 하며 속까지 잘 익

콜롬비아 생두

혀야 비린 맛이 나지 않는다. 커피를 잘 볶는지 보기 위해서 그 집의 콜롬비아를 마셔보는 것도 좋은 방법이다.

브라질Brazil · · · 호두맛이 나며 신맛이 적다. 브라질 커피가 지니고 있는 바디감과 심플하고 중성적인 맛은 에스프레소 블렌딩의 중심이 되게 한다. 기둥과 같이 틀을 잡아주는 역할을 하기 때문이다. 브라질 커피는 납작하고 작고 둥근 것이 초보자가 볶기에 좋은 커피이다. 그러나 팝핑되는 소리가 작고, 어느 시점에서 갑자기 크기가 커지고 순식간에 볶아지는 경향이 있어 주의를 기울여야 한다. 신맛이 적은 브라질 커피는 약배전보다는 중배전이나 강배전이 더욱 어울리는 커피이다.

### 중앙아메리카Central America

과테말라Guatemala · · · 편안하고 가볍게 입 안으로 들어간 커피는 산뜻한 신맛을 동반하며 목구멍으로 넘어간다. 커피 향이 강한 만큼 마시고 난 이후의 여운도 길다. 그 신맛 속에는 스파이시한 맛도 가미되어 있으며 특히 우유와 함께 마시면 진한 초콜릿향이 살아 있어 인상적이다. 지나치게 무겁지도, 그렇다고 너무 가볍지도 않은 커피가 은은한 과일 맛과 더불어 아주 매력적이다. 드립용이나 에스프레소용 블렌딩에 넣어 개성 있는 맛을 내도록 톡톡 튀는 역할을 한다. 신맛이 잘 어울어져 있으면서도 진한 커피를 좋아하는 마니아들에게 사랑을 받는 커피이다. 약배전보다는 강배전으로 진하고 강한 뒷맛을 강조해주는 것이 과테말라 커피를 더욱 매력적으로 표현하는 방법이다.

코스타리카Costa Rica · · · 상큼하고 산뜻한 신맛이 있어 달콤하기까지 하다. 그러면서도 그 신맛이 어느 한쪽으로 튀지 않고 일관성을 유지한다. 때때로 신맛에 호두맛도 가미되어 고소하기까지 하다. 블렌딩에 조금씩 넣어 주면 상큼하고 살아 있는 커피가 된다. 코스타리카는 산뜻한 신맛이 있어 약 · 중배전 혹은 강배전 그 어떤

코스타리카 생두

방식으로도 나름대로의 커피 맛을 잘 표현해낼 수 있다. 약배전과 강배전을 각각 따로 하여 둘을 블렌딩해서 마셔도 충분히 훌륭하다.

### 하와이와 카리브해Hawaii and the Caribbean

자마이카Jamaica · · · 신맛과 쓴맛 기타의 맛들이 아주 훌륭하게 조화를 이루어 부드럽고 편안하며 그런 의미에서 아주 중성적이다. 맛이 어느 한쪽으로 치우침이 없이 균형잡혀 있다. 빈 자체가 고가일 뿐만 아니라 스트레이트 커피로도 훌륭하기 때문에 굳이 블렌딩을 할 필요를 느끼지 못하는 커피이다.

하와이Hawaii · · · 부드럽고 마일드하다. 편안하고 달콤하며 스트레이트 커피로 마시기에 좋다. 우아하고 고급스러운 맛이 매혹적이다. 자마이카 커피와 더불어 하와이 커피는 그 미묘함을 즐길 수 있도록 로스팅한다.

### 동아프리카와 아라비아East Africa and Arabia

에티오피아 하라Ethiopian Harrar · · · 와인맛이 나며 와일드한 커피에 속한다. 야생적이며 블루베리 같은 과일의 맛도 함께 음미할 수 있다. 묵직하고 강한 뒷맛에 스모키한 맛도 가미되어 있어 강배전에 어울리는 커피이다.

에티오피아 요가체프, 시다모Ethiopian Yirgacheffe, sidamo · · · 레몬맛이 나며 우아하다. 매혹적이리만치 강한 아로마가 야생적인 우아함을 표현해낸다. 꽃향기 혹은 와인향이 있어 개성 있는 커피 맛을 느낄 수 있다. 구수한 너트향도 가미되어 있어 인상적이다. 시다모쪽이 요가체프보다 훨씬 고급스러운 느낌이다. 하라와는 달리 약배전을 하여 특유의 강한 신맛을 강조하면 좋다.

예멘 모카Yemen Mocha · · · 과일맛에 흙맛이나 스모키한 맛이 어우러져 있다. 달콤한 스파이시라고나 할까. 마니아가 많은 것도 이 때문

에티오피아 요가체프 생두

이다. 초콜릿향도 난다. 개성이 강한 인상적인 커피이다.

케냐 생두

케냐Kenya · · · 밝고 깔끔하다. 신맛이 산뜻하면서도 바디감이 좋아 인상적이다. 가슴을 터치할 줄 아는 매혹적인 커피이다. 신맛을 좋아하는 사람들이 감동하는 커피이다. 혹자는 케냐 커피에는 우리가 커피에 기대하는 모든 종류의 맛이 환상적으로 들어 있다고 말한다. 이 맛을 살리기 위해 강배전을 하지 않는다.

탄자니아Tanzania · · · 케냐와 비슷한 산뜻한 신맛에 강한 뒷맛이 가미되어 진한 아프리카 커피의 진수를 느낄 수 있다. 케냐와 더불어 신맛이 강조되는 이 커피는 약배전이나 중배전으로 신맛을 훌륭하게 표현할수록 근사하고 바디감도 좋다.

**아시아Asia**

자바Java · · · 적절히 심플하면서도 바디감이 좋다. 만델링처럼 묵직하다기보다는 깔끔한 쓴맛으로 진한 커피 한 잔을 가슴 깊이 음미하고 싶을 때 마시면 좋은 커피이다.  스파이시한 맛과 호두의 맛도 살짝 들어 있다.

수마트라Sumatra · · · 커피의 말론 브란도, 차의 보이차 등으로 불릴 수 있는 무겁고 특징적인 커피이다. 흙맛에 나무에서 느껴지는 잔향이 살짝 가미되어 있다. 스파이시한 맛에 굵고 묵직한 느낌을 주는 수마트라 커피는 진한 커피의 대표라 할 만 하다.

술라웨시Sulawesi · · · 캐러멜과 버터 같은 맛이 난다. 시럽 같은 느낌이면서도 달콤하다.

자바, 수마트라, 술라웨시의 인도네시아 커피는 신맛이 적고 쓴맛이 많아 강배전을 하여 그 쓴맛을 최대로 강조해주는 것이 로스팅 포인트이다.

파푸아뉴기니Papua New Guinea · · · 열대과일의 맛이 나면서도 깔끔하다. 밝고 산뜻하면서도 바디감이 좋아 블렌딩에 써도 좋다.

인디아India · · · 진한 초콜릿맛에 넛티한 맛이 있다. 특히 인디아 몬순 커피는 옥수수맛 같은 구수함이 환상적이다. 몬순 커피는 구수한 신맛을 강조하기 위해 약배전을 하여 부드럽게 추출해 주는 것이 좋다.

인디아 생두

# 추출 기구가 다르면 커피 맛도 다르다

## 터키쉬

터키쉬 커피는 이브릭Ibrik 혹은 쩨즈베Chzve라 불리는 기구에 커피를 넣고 불 위에 올려 끓이는 방법이다. 흔히 이를 보일링 혹은 달임법이라 하는데 이 경우에는 농도가 진하고 걸죽한 커피가 만들어진다. 한 잔 분량으로 5~7g의 커피를 물 60~

80ml를 넣어 중간불 위에 올려 둔다. 물의 양은 끓어 넘치지 않도록 기구의 2/3를 넘지 않는다. 처음부터 설탕을 넣어 끓이면 바디감이 훨씬 좋으나 개인의 기호에 충실하도록 한다. 불에 의해 커피가 끓으면 기구를 불에서 살짝 떼어 찬물을 약간 부어 준다. 그런 다음 불위에 올리기를 3~4회 정도 반복한 후 터키쉬 전용컵에 40~50ml 부어 서빙한다. 가루가 섞여 있는 채로 마시는 까닭에 분쇄한 커피의 입자

는 밀가루처럼 곱게 간 것을 사용한다. 다 마시고 남은 커피는 컵을 뒤집어 두어 커피의 찌꺼기가 컵과 컵 받침에 남은 무늬를 통해 커피점占을 칠 수도 있다.

날씨가 추운 북유럽의 경우에는 오렌지나 코코아 및 향신료 등을 넣어 몸을 따뜻하게 할 수 있도록 커피를 제조, 음용하였다. 그러나 커피를 이렇게 끓이게 되면 걸러내야 하는 번거로움이 있다.

## 사이폰

사이폰은 1800년대 중반에 만들어진 방식으로 진공을 이용한 추출 방식이다. 커피가 추출되는 과정에서 아름다움을 느낄 수 있는 로맨틱한 방식이다. 반면 기구의 유지와 청소 및 관리가 번거롭다. 또한 다른 추출법에 비해 커피 맛이 깔끔하나 추출 시간이 긴 단점이 있다.

그러나 뜨겁고 가벼우며 산뜻한 커피를 원하는 사람에게는 사이폰 커피가 안성맞춤이다. 깊은 바디감은 적으나 상쾌한 맛에 깨끗한 커피를 즐길 수 있으며 사이

사이폰

폰이 연출해내는 분위기만으로도 충분히 행복할 수 있는 추출 방법이다.

기구는 두 개의 유리구로 이루어져 있는데 아래쪽의 물을 담는 구를 플라스크라고 하고 위쪽의 커피 담는 부분을 로드라고 한다. 그리고 로드의 아래에는 스프링이 연결된 필터가 있다. 필터는 융과 종이 그 어느 것으로도 사용이 가능하며 사용하는 필터에 따라 미묘하게 다른 커피 맛을 연출해낸다. 물이 들어가 있는 플라스크에 열을 가하면 수증기가 올라가는데 그 수증기의 압력으로 진공상태가 되며 흡입력이 생겨 알코올램프를 끄게 되면 위에 올라갔던 커피 액이 플라스크로 떨어지게 된다. 플라스크에 담긴 물을 가열하는 기구는 주로 가스 불을 가운데로 모아줄 수 있도록 고안된 전용 가스버너나 알코올램프를 사용하며 알코올램프에는 약국에서 쉽게 구입할 수 있는 메틸알코올을 사용한다.

**추출 준비**

사이폰에 사용되는 커피는 일반 드립 커피에 사용되는 커피보다 배전도가 같거나 약간 낮은 것을 사용하고 굵기 또한 중간 굵기로 갈거나 약간 곱게 간 것을 사용한다. 물의 양은 한 잔 기준으로 120~150ml 정도로 하며 드립과 마찬가지로 사용하는 커피의 양은 12~15g으로 한다.

**추출**

a. 플라스크에 정량의 미리 데워진 물을 부어 준다. 차가운 물을 이용할 경우 지나치게 많은 시간이 소요되므로 뜨거운 물을 사용하는 것이 좋다. 이때 플라스크의 바깥쪽에 있는 물기는 마른 수건으로 깨끗이 닦아 파손의 위험을 방지하도록 한다. 한편 종이를 끼운 필터나 융 필터의 스프링을 잡아 당겨 로드에 고정시킨다. 이때 필터가 정 가운데 제대로 고정되었는지 확인한다. 필터가 고정된 로드에 정량의 커피를 넣고 플라스크 위에 엇비슷하게 고정시킨다.

b. 플라스크의 물이 끓으면 로드를 플라스크에 단단하게 고정시킨다. 느슨할 경우 증기가 새어나올 우려가 있다. 고정시킬 당시의 물의 끓는 정도는 손가락 정도의 굵은 물방울이 위로 올라오는 시점이다. 이때의 온도는 대략 92~95℃ 정도이다.

c. 로드에 물이 다 올라오면 대나무스틱으로 가볍게 골고루 저어 준다. 커피가 물

에 골고루 섞일 수 있도록 젓는데 우러나는 색깔을 보아가며 잔 거품이 생길 때까지 저어 준다. 3인분을 기준으로 약 15초 정도 경과 후 램프를 제거하고 다시 한 번 골고루 저어 준다.

d. 램프가 꺼져 차가워진 온도로 인해 커피는 로드에서 자연적으로 플라스크로

시키는 과정에서 사용되는 압력으로 인해 엷은 크레마가 발생하며 커피의 맛은 깊은 바디감을 준다.

약배전된 커피를 사용할 경우 신맛이 지나치게 강조되므로 중 · 강배전된 커피를 사용한다. 드립 커피보다 조금 더 굵게 분쇄된 커피 12~15g을 플런저에 넣고 88~

92℃의 물 150ml를 붓는다. 이때 물은 재빨리 굵게 붓고 숟가락이나 대나무스틱으로 골고루 저은 뒤 필터가 달린 뚜껑을 덮어둔다. 3~4분 그대로 둔 뒤 필터를 아래로 지그시 눌러 커피를 걸러낸 후 컵에 따라 마시면 된다. 추출 즉시 데워진 컵에 옮겨 담지 않으면 아랫부분에 있는 커피의 찌꺼기들이 커피에 닿아 불쾌한 맛을 초래하기가 쉽다. 그리고 사용한 용기의 유리 부분은 깨지지 않도록 주의하며, 필터 부분은 나사를 풀러 가운데 부분에 남아 있는 찌꺼기가 없도록 깨끗이 씻어 말린다.

최근 플런저를 이용하여 차거나 데운 우유의 거품을 내어 카푸치노, 라떼, 마끼야또와 같은 메뉴를 가정에서 손쉽게 내리는 방법이 유행하고 있다. 필터가 충분히 닿을 정도의 우유를 붓고 필터를 아래위로 내렸다 올렸다를 반복하면 아주 고운 거품이 만들어지며 이렇게 만들어진 거품과 따뜻한 우유를 모카폿으로 내린 에스프레소 위에 부으면 에스프레소 베리에이션 커피를 간편하게 만들 수 있다. 그러나 이때 지나치게 고운 거품이 생성될 경우 커피는 음미되지 않고 우유 거품만 남아 쓴 커피와 부드러운 거품이 주는 조화로움을 느끼지 못할 수 있으므로 거품의 퀄리티에 보다 주의를 기울인다.

## 모카폿

가정용 에스프레소 머신 혹은 스토브 위에 얹어 끓인다고 하여 스토브 톱Stove top이라 불리는 모카폿은 압력을 이용한 에스프레소 추출 기구이다. 그 모양과 디자인 및 재질도 다양하여 수집으로도 훌륭한 모카폿은 세 부분으로 구성되어 있다. 서로 여닫게 되어 있는 아래위 부분과 그 가운데 커피를 담는 필터바스켓이 있다. 이 가운데 부분에 풀시티Full city 이상의 강배전된 커피 가운데서도 에스프레소용으로 블렌드된 커피를 곱게 갈아 넣은 후 아래위 용기를 돌려 잠근 후 가스불이나 스토브 위에 중불로 올려 놓는다.

이때 사용하는 커피와 물의 양은 커피 7~9g에 커피 추출양이 30이 되도록 하는

모카폿

데 이때 상부까지 올라오지 않고 남아 있는 물의 양을 가늠하여 그만큼 더 부어야 한다. 하부 포트에 부착되어 있는 압력 안전밸브를 넘지 않는 정도로 붓는 것이 일반적이다. 하부의 물은 보통의 물보다 높은 온도에서 끓으며 이때 발생된 고압의 증기가 커피를 통과하여 커피를 부을 수 있는 입구가 달린 상부로 이동한다. 다 추출된 커피기구는 칙칙 거리는 시끄러운 소리를 내면서 마무리 되는데 이때 가스레인지나 스토브의 불을 끄고 데미타스 잔에 에스프레소를 따라 설탕 등을 넣어 기호에 맞게 마시면 된다. 영업용 에스프레소 머신에 비해 크레마가 적고 농밀함이 적으나 간단하게 집에서 즐기는 에스프레소로는 제격이다. 필터 바구니에 커피를 넣을 경우 다지지 않고 필터 끝까지 골고루 평평하게 넣되 진한 에스프레소를 원할

경우 탬퍼로 꾹 눌러 주기도 하며 깔끔한 맛을 원할 경우 눌러진 커피 위에 알맞은 크기로 잘라낸 필터를 끼워 사용하기도 한다. 또한 에스프레소가 주는 즐거움을 제대로 만끽하기 위해 물의 양을 정확하게 하는 것도 중요하다.

**Tip. 모카란 무엇인가?**

에티오피아나 예멘의 경우 커피의 이름에 사용되는 모카는 항구의 이름이다. 예를 들면 에티오피아 모카 하라, 예멘 모카 마타리 등과 같이 에티오피아와 예멘은 모카항을 통해 커피를 수출하기 때문에 모카라는 이름을 커피의 명칭에 붙인다.
한편 음료에도 모카라는 이름이 붙는데 이는 초코가루나 시럽이 들어 있는 음료라는 뜻이다. 카페모카, 화이트 카페모카, 아이스 모카 등이 그 예이다. 비알레띠와 같이 이탈리아에서 쓰는 가정용 에스프레소 머신의 경우에 그 이름을 모카폿이라고도 한다.

## 더치Dutch(워터 드립Water Drip)

찬물에 장시간 우려 카페인이 없는 커피로 알려진 워터 드립 방식은 냉커피를 우리기 위해 네덜란드 사람이 고안하여 더치라 불린다. 더치로 우린 커피가 카페인이 없는 이유는 카페인은 75℃가 넘는 뜨거운 물에서만 녹기 때문이다. 차가운 물로 장시간 우리는 까닭에 뜨거운 물로 내리는 커피와는 맛과 향에 있어서 아주 다른 독특한 커피가 생성되며 그런 까닭에 그 맛에 매료된 마니아 또한 많다.

**추출 준비**

커피는 강배전한 원두를 에스프레소 혹은 그것보다 곱게 분쇄하여 사용한다. 워터 드립으로 내린 커피는 진한 향미를 요구하는 까닭에 커피 150g에 물 1000ml를

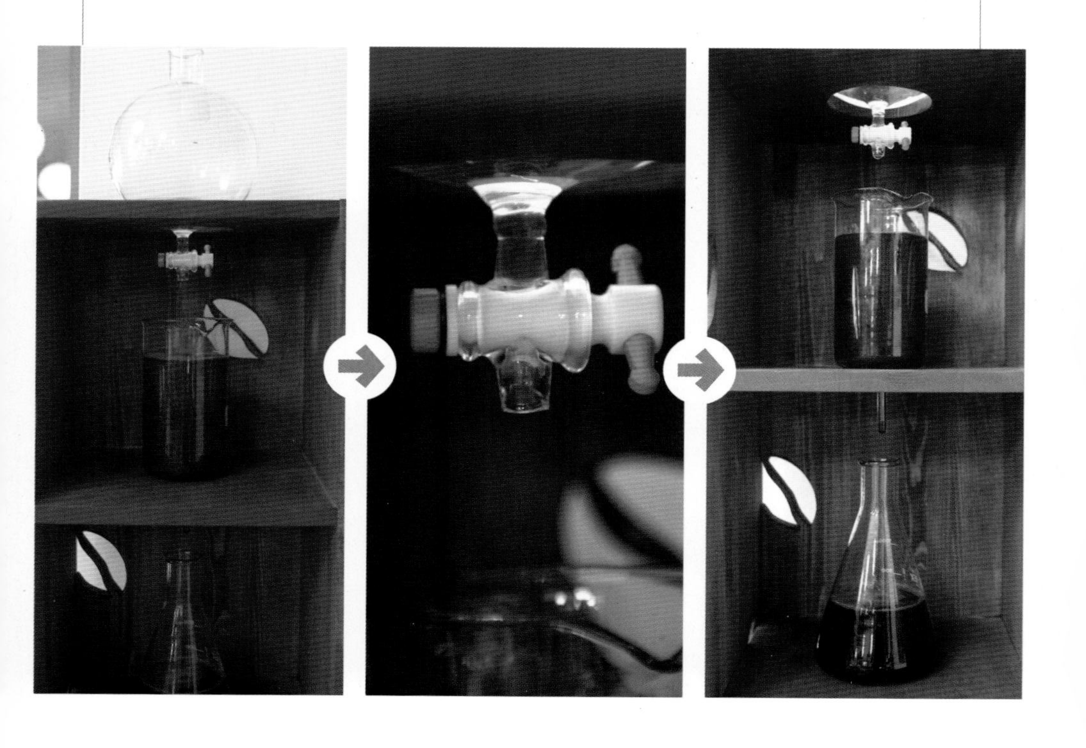

사용하는데, 중 · 강배전 커피를 사용할 경우 250~350g에 1500ml 정도의 비율로 내린다.

**추출**

용기의 맨 윗부분에 물을 넣고 가운데 부분에 커피를 넣는다. 이때 물조절 밸브는 물이 흐르지 않도록 잠가둔다. 커피를 넣기 전 맨 아랫부분 바닥에 사이즈에 맞게 절단한 페이퍼 필터를 끼우고 사용하며 곱게 분쇄된 커피는 탬퍼로 다진다. 커피를 다지는 힘에 따라 얻어지는 맛이 다르므로 강하게 다진다. 그리고 그 위로 물이 고르게 퍼져 나갈 수 있도록 페이퍼 필터를 얹는다. 그런 다음 물 조절 밸브를 열어주는데 떨어지는 방울이 느릴수록 진한 커피가 추출된다. 일반적으로 10초에 3~4방울 정도 떨어뜨리는데 추출에 걸리는 시간은 7~10시간 정도이다. 물론 떨어지는 방울의 속도에 따라 더 오랜 시간이 걸리기도 한다.

이렇게 진하게 추출된 커피는 아이스커피를 위해 농도에 따라 커피와 물의 비율을 1 : 1 혹은 3 : 4 정도로 희석하여 얼음과 함께 서빙한다. 추출된 커피는 용기에 넣어 냉장보관하는데 이때 가능하면 3일을 넘지 않을 분량만을 추출하도록 한다. 3일을 넘겨도 맛이 상하지는 않으나 내린 지 하루 이틀된 커피만큼 신선하지 않고 맛이 밋밋해지기 때문이다.

BEANS
The Great Coffee Book

# 한 잔의 맛있는 커피를 위하여

*커피주전자는 우리에게 평화를 주고*

*커피주전자는 아이들을 자라게 하며*

*우리를 부자가 되게 하나이다*

*부디 우리를 악에서 보호하여 주시옵고*

*우리에게 비와 풀을 내려주시 옵소서*

*오로모족의 기도문*

## 맛있는 커피란

'맛있다' 라는 것은 지극히 개인적인 영역이다. 그러나 그럼에도 불구하고 '맛있다' 고 느끼는 공통의 개념이 있기 마련이다. 맛있는 커피는 탁하지 않고 맑다. 맛있는 커피는 까끌까끌하거나 불쾌한 뒷맛이 없다. 맛있는 커피는 감칠맛이 나고 양질의 쓴맛과 신맛을 지니고 있으며 끈기가 있다. 맛있는 커피는 쓴맛이건 신맛이건 그 맛을 음미할 수 있는 미묘함이 있다. 맛있는 커피는 부담 없이 들어와 여운을 남기고 편안하게 넘어간다.

개인의 기호에 따라 연하게 마실 수도 진하게 마실 수도 있지만 맛있는 커피는 커피가 진하다고 해서 쓴맛이 강한 것은 아니다. 좋은 커피는 진한 커피의 경우 농밀함이나 깊이가 있을 따름이다. 이를 위해서는 원재료의 엄선과 관리뿐만 아니라

로스팅 기술과 추출 기술, 서비스 기술이 뛰어나야 한다.

맛있는 한 잔의 커피는 우리에게 황홀한 호사를 누릴 수 있게 한다. 그러한 호사를 누리게 해주는 맛있는 드립 커피를 만기 위한 조건은 무엇일까?

첫째, 좋은 생두를 써야 한다. 제아무리 기술이 뛰어나도 원료의 품질까지 바꾸어 놓을 수는 없기 때문이다.

둘째, 맛있게 잘 볶아져야 한다. 이를 위해서는 로스팅을 하기 전에 꼼꼼히 핸드픽을 하여 결점 있는 생두를 골라내는 것도 잊지 말아야 한다.

셋째, 볶은 지 오래되지 않은 신선한 원두를 써야 한다. 커피의 가장 맛있는 상태는 볶은 지 1주일에서 2주일을 넘지 않는다.

넷째, 신선한 커피는 제대로 취급되어지고 보관되어져야 한다. 공기가 통하지 않는 밀폐용기에 넣어 서늘한 곳에 보관하여 추출하기 직전에 갈아서 쓰도록 한다.

다섯째, 바른 추출을 해야 한다. 바른 추출을 위해서는 물의 종류, 적절한 물의 온도, 알맞은 분쇄, 적합한 원두의 양, 올바른 추출 속도 및 추출 시간이 필요하다.

여섯째, 사용할 컵은 미리 데워두어야 하며 추출 후에는 가능한 한 빨리 마셔야 한다.

# 물

추출된 커피는 물이 99 %이고 커피가 1 %이므로 사용하는 물은 갓 받은 양질의 신선한 물이어야 한다. 신선하고 산소가 많은 차가운 물을 가능한 빨리 데우는 것이 중요하다. 물은 가능하면 한번에 끓은 물이 좋으며 오랫동안 물이 끓고 있다면 버리고 다시 끓여주어야 한다. 오래 끓은 물은 산소가 없어져 죽은 물이 되기 쉽기 때문이다.

수돗물은 박테리아를 없애기 위해 첨가된 염소와 불소성분이 많아 냄새를 유발하며, 경수라 불리는 센 물은 칼슘과 마그네슘이 많이 함유되어 있어 커피를 탁하고 쓰게 만들 뿐만 아니라 커피메이커나 에스프레소 머신에 고장을 일으키기 쉽다. 머신의 고장을 방지하기 위해 연수기를 부착하는 것도 이러한 이유이다. 따라서 중

류되어 깨끗하고 냄새 나지 않는 순수한 물이 커피에 적합하다. 실질적인 보고에 따르면 극히 적은 양의 미네랄을 포함하고 있는 물이 커피의 맛을 부드럽고 좋게 한다고 한다. 따라서 제대로 선택된 정수기의 물을 사용하는 것이 가장 현실적인 방법이다.

**Tip. 올바른 커피 보관법**

**• 커피는 어떻게 보관해야 할까요?**

신선한 커피를 원하는 당신은 바로 로스팅된 커피를 홀Whole빈으로 산 후, 마시기 바로 직전에 갈아 마시길 원할 것임에 틀림없다. 신선한 커피를 유지하려면 열이나 빛, 공기가 통하지 않는 밀폐용기에 넣어 실온에서 10일 정도 두는 것이 가장 좋은 방법이다. 또한 이는 이미 분쇄된 커피보다 훨씬 향기를 덜 잃게 된다.
그린빈(로스팅이 되지 않은)은 몇 달이나 심지어 몇 년이 지나도 상관없지만, 일단 로스팅이 되고 나면 향기의 오일이 셀cell의 벽을 뚫고 나온다. 당신은 로스팅하는 동안에 창조된 수많은 향기로운 구성물들을 가능한 최대로 보존하고 싶어할 것이다. 왜냐하면 그것이 커피의 생명이기 때문이다.
분쇄를 하게 되면, 수천 개의 셀들을 깨고 나온 향기가 공기 속으로 내보내져서 산소와 습기를 취하게 한다. 공기와 습기는 신선함을 가로막는 적이다. 따라서 커피는 점차 신선함을 잃게 되고 결국은 고약하게 변하고 만다.
원두를 신선하게 보관하려면 첫째 밀폐된 용기나 봉지 안에 넣어 보관하고 둘째, 신선한 상태를 유지한다. 이때 열의 원천이 되는 취사용 도구나 보일러, 기계들로부터 멀리한다. 셋째, 건조한 곳에 보관하고 강한 빛을 피한다. 마지막으로 커피는 흡수력이 강하기 때문에 치즈, 파, 마늘, 양파, 차가운 육류나 향신료와 같은 자극적이고 향이 많이 나는 음식물의 가까이에 두지 않는다.

**• 어떤 밀폐용기를 써야 할까?**

불투명한 상자에 커피를 보관하기도 하고 종종 그 불투명한 상자나 통 안에 검은 비닐 봉지를 넣어 보관하기도 한다. 물론 비닐 봉지는 보기에 흉하지만 불과 열, 습기로부터 안전할 수 있는 좋은 방법이다.

밀폐용기로 나무를 사용하는 경우가 있는데, 이러한 경우에는 나무 속으로 오일이 베어 들어가 냄새가 고약해진다. 한편 유리로 된 항아리이거나, 투명 합성수지 상자Lucite Bins일 경우 지속적으로 빛에 노출될 염려가 있을 뿐만 아니라, 깨끗함을 유지하기가 어렵다. 빈으로부터 나온 오일이 쉽게 그리고 보이지 않게 쌓여서 보기 흉하게 변하기 때문이다.

따라서 가장 좋은 보관 방법은 커피를 불투명한 밀폐용기에 넣는데 커피의 양에 적절한 크기를 골라야만 공기가 잔류할 공간이 줄어들게 된다. 철사 잠금 장치가 달린 세라믹 통도 좋은 방법이다. 그리고 부엌용품가게에서 설탕이나 밀가루를 담는 용도로 쓰이는 뚜껑이 정확하게 맞는 플라스틱 통도 괜찮다. 커피봉지의 커피빈이 반쯤 비워진 경우에는 고무줄로 감아서 앞에서 말한 통 중의 하나에 넣는 것도 좋은 방법이다. 그리고 통 바깥에 산 날짜나 로스팅된 날짜, 커피의 종류 등을 적어두면 더욱 편리하다.

**• 과연 냉장고와 냉동실 보관은 좋은 방법인가?**

사실상 냉장고는 그다지 좋은 아이디어가 아니다. 냉장고에 넣어 보관하게 될 경우 커피는 냉장고 안 음식물의 냄새를 흡수하기가 쉽다. 이는 분쇄된 커피의 경우 더욱 문제시된다. 냉장고에 비해 냉동실은 보다 나은 방법이다. 그러나 커피빈의 오일이(특히 강배전된 커피의 경우) 얼 때 함께 응고되어 원래의 일관된 상태로 되돌아오지 않는다. 한번 얼어버린 커피는 절대로 원래의 상태로 되돌아오지 않는다. 그러나 오랫동안 커피를 마시지 않게 될 경우, 타이트하게 밀봉이 된 상태로 혹은 불투명한 유리 항아리나 플라스틱 용기에 넣어 냉동실에 보관한다. 이때 소량으로 나누어 보관하는 것도 방법이다.

또한 냉동실에서 커피를 꺼낼 경우 마실 분량만을 꺼내어 바로 갈아 마시도록 한다. 뜨거운 물을 붓는 순간 바로 얼은 상태가 녹기 때문에 일부러 녹일 필요는 없다.

## 분쇄

원두를 분쇄하면 공기와 접촉하는 표면적이 증가하기 때문에 급속하게 산화된다. 그리고 로스팅한 원두 안에 있는 휘발성 성분이 공기 안으로 용해되어 점점 향이 없어지기 때문에 원두는 커피를 추출하기 직전에 가는 것이 가장 좋다. 그리고 일반적으로 원두는 거칠게 갈면서 양은 많은 듯하게 사용하는 것이 바람직하다.

커피가루의 양이 일정하면 커피가루의 크기와, 시간에 의해 추출물이 결정된다. 따라서 커피가루의 크기가 작을수록, 추출하는 시간이 길수록 커피의 성분은 많이 추출된다. 그러나 미세하게 갈면 갈수록 탄닌 등 원하지 않는 성분이 추출되어 떫은 맛이 발생하기 때문에 커피가루를 약간 거칠게 갈고 약간 많은 분량을 사용하여

분쇄기

약간 낮은 온도로 추출하는 것이 가장 좋다.

원두를 분쇄할 때에는 우선 일정하게 갈아야 한다. 굵은 가루와 미세한 가루가 섞여 있으면 농도뿐만 아니라 쓴맛이 다르게 추출되기 때문이다. 아울러 원두를 갈 때 발생하는 마찰열을 억제하는 것도 중요하다. 열은 커피가루의 성분과 성질을 변화시켜 불쾌한 쓴맛이나 떫은 맛을 만들기 때문이다. 특히 수동밀의 경우 열이 쉽게 발생하기 때문에 서서히 갈아야 한다. 또한 밀에 부착된 커피가루는 그때 그때마다 세심하게 제거하는 것도 중요하다. 분쇄도구 즉 그라인더의 선택이 그 무엇보다도 중요한 이유가 여기에 있다. 일정하게 분쇄되는지를 확인해야 할 뿐만 아니라 아주 고운 분쇄 정도부터 굵게까지 다양하게 갈아지는지 점검하는 것을 잊지 말아야 한다.

사용하는 커피 추출 도구에 따라 분쇄의 정도가 다르다. 기구에 맞게 적절히 분쇄해야만 맛있는 커피를 추출해낼 수 있다. 아주 고운 분쇄부터 굵은 분쇄까지를 추출 기구에 따라 나열하면 다음과 같다.

Turkish ⇨ Espresso ⇨ Water Drip, paper, siphon, Nel ⇨ Plunger ⇨ Percolator ⇨ Jug

**분쇄 굵기에 따른 커피의 추출**

a. 가늘게 분쇄: 물이 천천히 통과하나 성분이 빨리 나오기 쉽다. 가는 분쇄로 카리타 드립을 할 경우 과추출되어 필요 없는 성분이 나오기 쉽다. 고온으로 빨리 추출하는 에스프레소 커피나 차가운 물로 천천히 추출하는 더치 커피에 알맞다. 에스프레소의 경우 짧은 시간 안에 커피의 성분이 추출되어야 하므로 가늘게 분쇄된 커피를 사용한다. 불 위에 물과 함께 끓여내는 터키쉬 커피는 커피 찌꺼기와 함께 마셔야 하는 관계로 에스프레소보다 훨씬 고운 굵기로 분쇄한다.

b. 중간 분쇄: 물의 통과나 성분이 빠지는 상태가 적당하여 카리타식 드립이나 융, 커피메이커용으로 적당하다.

c. 굵게 분쇄: 물의 통과가 빠르나 성분은 늦게 빠진다. 커피 사이로 물이 빠르게 통과하기 때문에 제대로 커피의 성분이 추출되기 어렵다. 따라서 이 경우 원두의 양을 많이 하여 맛있는 성분만 추출하도록 한다. 신맛이 적은 원두, 진하게 볶은 원두에는 낮은 온도의 물로 천천히 뜸을 돌려 추출하면 좋다. 신맛이 강한 원두를 굵게 분쇄하여 낮은 온도로 추출하면 신맛이 지나치게 강조된다. 반면 진하게 볶아진 커피를 높은 온도로 내릴 경우에는 쓴맛이 강조되므로 쓴맛을 표현하기 위한 이유가 아니라면 굵은 분쇄에서 지나치게 높은 온도로 추출하지 않는다.

분쇄 기구들

추출 기구들

**추출 기구에 따른 분쇄 방법**

a. 터키쉬Turkish: 커피를 물과 함께 불위에 끓여 걸러내지 않고 마셔야 하므로 아주 가늘게 분쇄함으로써 꺼끌거리는 입자가 입 안에 남아 불쾌감을 주지 않도록 한다.

b. 에스프레소Espresso: 빠른 시간 안에 농밀하고 바디감 있는 에스프레소를 추출하기 위해서는 중·강배전된 커피를 가늘게 분쇄한다.

c. 더치 커피Dutch coffee(워터 드립Water Drip): 강배전된 원두를 가늘게 분쇄한다. 찬물로 10초에 3~4방울 떨어질 정도로 천천히 추출하므로 가늘게 분쇄하여 사용한다.

d. 페이퍼 드립Paper Drip(메리타Melita, 고노Kono): 중·강배전된 커피를 중간보다 약간 가늘게 분쇄한다. 일정한 물줄기로 천천히 드립하여 진한 커피의 맛을 살리기 좋으므로 약간 곱게 분쇄한다.

e. 페이퍼 드립(카리타Kalita, 융Nel): 배전과 분쇄를 자유롭게 선택해도 좋다. 뜸을 들인 후 몇 번에 나누어 주입, 주입량으로 속도를 조절할 수 있다.

f. 사이폰Siphon: 약간 강배전된 원두를 중간 분쇄한다. 알코올램프로 끓인 일정한 물의 온도로 일정한 여과속도를 유지하므로 중간 정도의 분쇄가 알맞다.

g. 플런져Plunger, 프렌치 프레스French Press: 일정 시간 동안 커피를 물에 담가 두었다가 피스톤으로 커피 찌꺼기를 분리하여 마시는 까닭에 지나치게 신맛이 강한 커피나 약배전된 커피를 사용하지 않는다. 내리는 바Bar의 압력으로 인해 신맛이 더욱 강조되기 때문이다. 커피가 닿아 있는 물에 의해 우려지고 바에 의해 걸러지기 때문에 고운 분쇄를 사용할 경우 지나치게 쓴 커피가 추출되거나 바를 내릴 수 없게 된다. 따라서 페이퍼 드립보다 좀 더 굵게 분쇄된 커피를 사용한다.

h. 퍼콜레이터Percolator: 커피 위를 반복적으로 물이 통과하여 추출하기 때문에 물이 통과하기 쉽도록 커피를 굵게 분쇄한다.

i. 저그Jug: 커피를 물과 함께 두었다가 커피가 가라앉은 후 마시는 커피로 편안하게 우러나와 가라앉을 수 있도록 굵게 분쇄된 커피를 사용한다.

**Tip. 신선한 커피는 어디에서 구입하나요?**

커피의 질을 높이기 위한 가장 좋은 방법은 홀빈을 사서 직접 갈아 마시는 것이다. 그러나 그것보다 우선하는 것이 바로 신선한 커피를 구입하는 것이다. 따라서 가장 좋은 방법은 한 주 안에 주의깊게 로스팅된 신선하고 좋은 빈을 사는 것이다. 빈의 구입은 커피를 자주 볶는 작은 로스터리숍이나 주문 후 볶아서 판매하는 인터넷 쇼핑몰을 이용하는 것이 좋다. 로스팅된 지 하루나 이틀 이후가 맛에 있어서 최고의 상태이기도 하다. 그리고 기억해야 할 가장 중요한 원칙은 1~2주 안에 소화할 수 있는 양의 범위에서 커피를 사야 한다는 것이다. 규칙적으로 적은 양의 커피를 자주 구입하는 것이 신선한 커피를 마시는 가장 좋은 방법이다.

## 원두의 양

이는 맛있는 한 잔의 커피를 추출하기 위한 일반적인 원두의 양을 의미한다. 물론 개인의 기호에 따라 커피의 양을 줄이거나 늘려 진하게 혹은 약하게 커피를 추출하여 마시도록 한다. 일반적으로 1인분에 150ml를 기준으로 12~15g의 커피를 사용하되, 개인의 기호에 따라 양을 적당량 늘이거나 줄이도록 한다.

인원수가 많아질수록 커피의 양은 2~3g 정도 줄이는 것이 1인분 한 잔의 농도와 알맞으며 한 잔을 추출하는 것보다는 두 잔을 추출하여 나누는 경우 커피의 맛이 더욱 풍부하다.

저울

커피 스쿱(1스푼이 10g)

## 물의 온도

물의 온도는 커피 맛을 결정짓는 중요한 요인 중 하나이다. 물의 온도가 낮은 경우 커피원두에 들어 있는 맛있는 성분을 추출하는 데 시간이 걸릴 수 있으나, 원두의 쓴맛 성분을 억제할 수 있다. 낮은 온도의 물로 추출할 경우 신맛이 강하고 떫은 맛도 나와 좋고 나쁜 맛의 판별이 확실하다. 또한 뜨거운 물로 내린 커피보다 바디

포트에 꽂아 쓰는 온도계

감이 풍부하다.

반면 물의 온도가 높은 경우 짧은 시간으로 커피원두에 포함된 모든 성분을 추출할 수 있다. 따라서 온도가 너무 높거나 추출 시간이 길 경우 맛없는 불필요한 성분까지 추출될 수 있다. 물의 온도가 높을수록 쓴맛이 강해지고 날카로운 맛이 되기 때문에 커피의 좋고 나쁜 맛의 판별이 어렵다.

그렇다면 물의 온도를 맞추기 위해서는 어떻게 해야 하는가? 무엇보다 온도계를 이용하여 물의 온도를 정확하게 측정하는 것이 중요하다. 이때 물은 팔팔 끓는 뜨거운 물이 원하는 온도가 될 때까지 기다리거나 식혀서 사용한다. 100℃로 끓는 물을 바로 주전자에 옮기면 95~96℃가 되고 이를 서버에 한 번 옮겨 부으면 3~4℃가 떨어지므로 서버에 옮겨 붓기를 반복함으로 온도를 어느 정도 가늠할 수도 있다. 하지만 반드시 온도계를 꽂아 정확한 온도를 측정하는 일을 습관화하도록 한다. 단순한 몇도의 온도 차이가 커피 맛에 커다란 변화를 준다는 사실을 잊지 말자. 간혹 오래 끓인 물에 얼음을 넣어 사용하는 경우가 있다. 그 이유는 오래 끓인 물의 경우 산소가 사라져 죽은 물이 되는데, 얼음을 넣으면 산소가 있는 살아 있는 물을 만들 수 있기 때문이다. 동시에 얼음은 물의 온도를 떨어뜨려 주기도 한다. 이때에도 반드시 온도계로 정확한 온도를 측정한다. 그렇다 하더라도 지나치게 오랜 시간 끓인 물은 버리고 새로 끓이는 것이 좋다.

또한 로스팅한 후의 시간과 온도에도 상관관계가 있다. 로스팅한 지 얼마되지 않은 신선한 원두의 경우 물의 온도를 낮게 한다. 이는 90℃ 이하의 온도에도 맛있는 추출이 가능하기 때문이다. 특히 갓 볶은 커피의 경우에는 일반적으로 드립하는 온도보다 2~3℃ 낮게 추출하는 것이 좋다. 오래된 원두의 경우에는 물의 온도를 높게 하여 고온으로 맛을 얼버무릴 수가 있다.

## 추출 속도와 시간

1~2인분: 약 1분 20초~2분 정도
3~4인분: 약 2~3분
5~7인분: 약 3~4분

추출 시간이 5~6분으로 길어지면 좋지 않은 성분까지 추출된다. 곱게 갈은 커피는 추출 시간을 짧게 하고, 굵게 분쇄한 커피는 길게 한다.

로스팅의 정도와 추출 속도의 상관관계를 살펴보면 중 · 강배전의 경우 조직의 팽창도가 높고 가스가 많아 수분이 침투하기 쉬어 빨리 추출되는 경향이 있다. 반면 약배전의 경우 조직의 팽창도가 적어 커피 속으로 물이 침투하는 데 걸리는 시간이 길어 추출 시간이 길어진다.

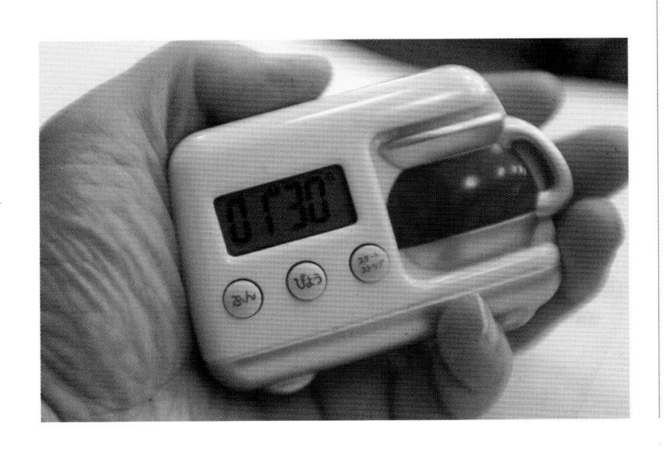


스톱워치

# 핸드 드립 고수되기

*커피를 추출하는 게 아니라*

*뽑는게 아니라*

*커피를 내린다니*

*이 얼마나 감동적인가요?*

*어느 커피 가게 주인*

## 핸드 드립이란

드립 커피란 마음으로 내리는 커피란 말이 있다. 드립 커피는 커피에 마음을 담아 한 잔 한 잔 소중하게 내리는 작업이다. 내릴 한 잔의 커피를 마셔줄 그 누군가를 생각하며 기도하는 마음으로 추출하는 작업이다. 800여 가지나 되는 커피의 성분 중에 맛있는 성분만을 골라 잘 내리는 것이다. 커피를 내리는 일은 콜롬비아나 에티오피아 같은, 그 커피가 가진 본연의 맛을 충분히 잘 설명해 주는 아름다운 한폭의 그림을 그리는 일이다. 그렇기에 같은 종류의 커피를 일정한 물의 양과 온도로 똑같이 내려도 그 사람의 마음 상태에 따라 혹은 그 사람의 심성에 따라 다르게 표현되는, 손맛 나는 커피가 드립 커피이다. 마음맛 나는 커피가 바로 핸드 드립 커피이다.

드립 커피는 음미하는 커피이다. 하얀 커피잔을 감도는 와인색 중심에 맑고 진한 커피의 색을 음미하고, 살짝 피어 오르는 따뜻한 온기를 손으로 느끼며 코끝에 감도는 향을 머릿속 가득 채우면, 불현듯 살짝 혓바닥에 입술을 대어 그 맛의 감촉을 느끼고픈 강한 유혹에 사로잡힌다. 커피잔을 입술에 부딪히며 잘 데워진 따스한 잔 사이로 흘러 들어오는 커피 한 모금을 입안 가득 굴리면, 신맛과 쓴맛과 단맛과 그 조화로움이 맑은 정신을 화사한 꽃밭이나 야생의 초원으로 이끈다. 그들이 이끄는 곳에서 한바탕 웃으며 달콤한 사랑을 나누다 돌아오면 그 커피를 재배하는 농부들의 소망이, 또는 커피를 내린 주인장의 애정어린 마음이 느껴진다. 잘 내려진 한 잔의 블랙커피에는 단맛에 유혹되지 않고 우유로 탁해지지 않은 순수한 맛의 향연이 있다. 그 맛에 취해 사색에 잠기면 누구나 시인이 되고 로맨티스트가 된다.

드립을 위해서는 다음과 같은 도구들이 필요하다.

첫째, 드립 전용 주전자가 필요하다. 전기로 끓이는 포트나 일반 주전자는 입구가 넓어 물줄기를 가늘게 조절하기가 어렵다. 일반 주전자의 굵은 물줄기는 커피에 부어지는 물의 힘이 세기 때문에 커피가 움푹 파여 진다. 또한 한번에 주입되는 물의 양이 많기 때문에 묽은 커피가 만들어지기 쉽다. 따라서 주전자 아래쪽에서부터 주전자의 주둥이가 나와 있는 전용 주전자를 쓰는 것이 좋다. 주전자는 주로 일본에서 만들어진 제품이 많다. 많이 쓰는 것으로는 카리타, 호소구찌, 다까히로, 유끼와 등등 다양하며 스테인리스 제품과 동 제품이 있다. 일반적으로 가격이 비싼 동 주전자의 경우 물맛을 순하게 만들어 주기 때문에 커피의 맛을 부드럽게 해 주는 것으로 알려져 있다.

둘째, 서버를 사용하면 편리하다. 한 잔 한 잔 뽑을 때는 잔 위에 바로 커피를 내려도 좋지만 이 경우에도 처음에는 그 커피잔에 들어갈 커피의 용량이 얼마인지를 체크하는 것이 좋다. 추출될 커피의 용량에 따라 써야 할 커피의 양이 결정되기 때

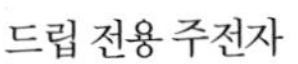
드립 전용 주전자

서버

문이다. 정확한 계량을 함으로써 맛있는 커피의 농도를 파악할 수 있다. 잔마다 120ml～150ml, 180ml 혹은 300ml 등 다양하다. 커피 한 잔에 몇 그램의 커피를 써야 하는지 물어보는 사람들이 있다. 이때는 커피잔의 용량을 알아야 한다. 커피 서버는 300ml, 500ml부터 그 용량이 다양하다. 같은 종류의 커피를 두 잔 이상 뽑을 때는 시간을 절약하기 위해서 서버는 사용하는 것이 좋다. 물론 깨지기 쉬우므로 서버는 취급 시 주의가 요구되지만, 내려지는 커피의 농도와 양을 확인할 수 있어 편리하다.

셋째, 드립퍼가 필요하다. 드립퍼는 원하는 맛에 따라 카리타, 메리타, 고노, 융(넬) 드립퍼 중 하나를 선택하도록 한다. 드립퍼의 종류에는 플라스틱 수지로 된 것이 있고 사기나 동으로 된 것이 있다. 플라스틱 수지의 경우 취급이 편리하고 가볍다. 또한 온도의 변화가 심하지 않아 보온에 신경을 쓰지 않아도 된다. 사기 드립퍼의 경우 반드시 뜨거운 물을 붓거나 에스프레소 머신 위에 올려두어 따뜻하게 보온해 준다. 동 드립퍼의 경우, 드립퍼의 온도가 쉽사리 식지 않아 좋다.

드립퍼에는 드립퍼 안쪽으로 길쭉하게 살짝 튀어나온 것이 있다. 이것을 리브라고 부르는데, 리브는 드립퍼와 필터 사이에 공기를 통하게 하여 커피의 흐름을 좋게 한다. 리브가 없을 경우 커피의 가스가 빠져나갈 길은 위쪽밖에 없기 때문에 커피가 화산처럼 폭발할 수가 있다.

드립퍼와 스쿱

넷째, 페이퍼 필터가 필요하다. 각각의 드립퍼는 드립퍼에 맞는 페이퍼 필터가 있다. 따라서 같은 회사에서 나온 제품을 쓰는 것이 가장 좋다. 카리타나 메리타처럼 생긴 필터라도 사이즈가 맞지 않는 경우가

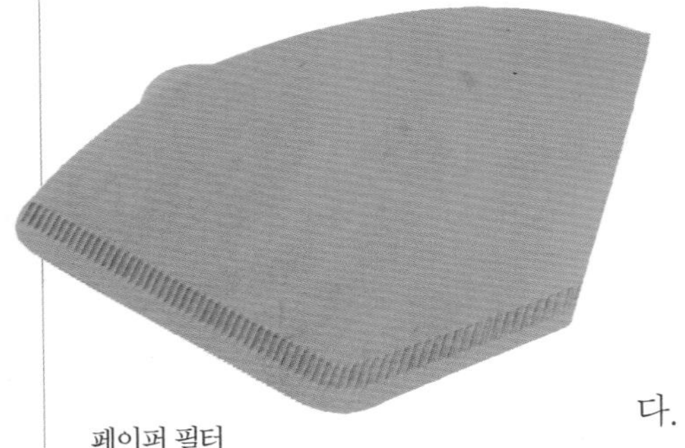

페이퍼 필터

많이 있다. 이런 경우에는 정확한 사이즈를 가늠하여 적절히 접어서 사용하도록 한다.

융의 경우 천으로 드립을 하는 것이므로 페이퍼 필터를 사용할 필요가 없다. 그러나 융 또한 영구적이지는 않다. 융의 털이 닳아 없어지면 새것으로 갈아주어야 융 커피가 가진 제 맛을 살릴 수가 있다. 페이퍼 필터의 경우 필터의 조직에 따라 촘촘한 것이 있고 좀더 굵직한 것이 있다.

조직이 굵은 필터의 경우에는 볶은 지 얼마 되지 않은 신선한 커피를 쓰는 것이 좋다. 반면에 강배전한 원두나 볶은 지 시일이 좀 지난 커피의 경우에는 조직이 촘촘한 필터를 쓰는 것이 좋다. 이 두 경우에는 가스가 많지 않아 물이 커피를 통과하여 아래로 빠져 내려가는 속도가 빠르기 때문이다. 페이퍼 필터는 펄프 냄새가 커피에 섞일 우려가 있다. 이 냄새가 불쾌한 경우에는 도금이 된 영구 필터를 사용해도 좋다. 페이퍼 필터가 기름 성분을 흡수하는 반면 영구 필터는 유분을 통과시켜 보다 풍부하고 깊은 맛의 커피를 기대할 수 있다.

## 메리타 드립

독일의 메리타 벤츠 여사가 만든 드립퍼인 메리타는 드립퍼 아랫쪽에 구멍이 하나 있다. 천으로 커피를 내리던 불편함을 편리함으로 대체시킨 것이 바로 드립퍼와 페이퍼를 이용하는 것이다. 일일이 공을 들여 씻을 필요도 없고 융처럼 물에 담가 둘 필요도 없다. 페이퍼 필터를 끼워 쓰고 다 쓴 후 새것으로 대체하면 그만이다. 유럽이나 미국에서 많이 쓰는 방법으로 중 · 강배전된 커피를 중간보다 약간 가늘게 분쇄하여 쓰면 좋다. 구멍이 세 개인 카리타와 달리 메리타는 물빠짐이 느리다. 그만큼 농도 있는 커피를 만들기 좋다. 대신 물을 부을 때 메리타의 구멍으로 물이 순조롭게 빠질 수 있도록 속도 조절을 하는 것이 포인트이다. 물길을 가늘게 하여 천천히 드립하면 카리타보다 알맹이 있는 감칠맛 나는 커피를 만들 수가 있다. 처음에 커피에 물이 골고루 적셔질 수 있을 정도로 천천히 물을 부어 뜸을 들인다. 신선한 커피는 빵처럼 부풀어 오르며 가운데 쪽으로만 물길을 주어도 옆으로 저절로 퍼

드립퍼, 메리타

져 나간다. 이때 물의 양은 커피가 물을 전체적으로 머금고 한 두 방울 똑똑 떨어질 정도가 알맞다. 물줄기를 가늠하여 본인이 부어주는 물줄기의 양에서 몇 초 정도 물을 부었는지를 초시계나 마음 속으로 재는 것이 늘 변함없는 뜸들이기를 하는 방법이 된다. 신선한 커피라도 분쇄가 된 커피를 구입한 경우에는 가스가 그만큼 빠져 나간 상태이기 때문에 추출하기 직전에 분쇄하는 것만큼 충분히 부풀지 못한다. 이 경우에는 애써 커피의 가운데 부분부터 천천히 바깥쪽으로 골고루 물을 부을 필요가 있다.

메리타이건 카리타이건 몇 번을 어떻게 돌리느냐 하는 문제는 얼마나 적절히 커피의 성분을 과다하지도 부족하지도 않게 뽑아내느냐 하는 데 있다. 불쾌한 쓴맛이나 텁텁한 맛을 억제하고 커피가 가지고 있는 특징을 얼마나 잘 표현하느냐가 관건인 셈이다. 그런 의미에서 물빠짐이 느린 메리타는 보다 세심한 배려가 필요하다. 물이 천천히 빠지기 때문에 붓는 물의 양과 내려가는 커피의 속도를 맞추기가 그만큼 어렵다는 이야기다. 따라서 혹자는 아주 가는 물줄기로 천천히 몇 번에 나누어 물을 주고 또 혹자는 원을 그리듯 물을 한번 돌려 주고 쉬고 또 돌려 주고 쉬고를 원하는 커피의 양이 될 때까지 반복한다. 그리고 또 방울방울 떨어뜨려 최대한 느리게 추출하는 것도 방법 중의 하나이다.

한편 편하고 부드러운 감칠맛을 원할 경우에도 메리타 드립이 좋다. 뜸을 잘 들인 후 원하는 커피의 양이 될 때까지 점차적으로 커피의 수위를 높여가며 끊지 않고 한번에 물을 골고루 붓는다. 이때에는 드립퍼를 지나치게 작은 사이즈를 사용하지 않도록 한다. 원하는 커피의 양이 추출되면 재빨리 드립퍼를 서버에서 떼어내어 거품에 남아 있는 잡미가 밑으로 내려가지 않도록 주의한다. 이렇게 드립한 커피는 부드럽고 근사한 마일드 커피가 된다.

물줄기는 추구하는 맛에 따라 다르다. 가볍고 편안한 커피를 묽게 마시고 싶다면 물줄기를 굵게 하여 빠르게 내려주어야 한다. 그러나 진한 한 잔의 커피를 원한다면 물줄기를 가늘게 하여 천천히 시간을 들여 내려주어야 한다. 원하는 맛의 정도를 미리 정한 다음 커피의 추출 속도와 시간을 정하는 것이 옳다. 그리고 거기에 맞

메리타 커피 추출

게 물줄기의 굵기를 결정해야 한다.

물을 줄 때 주전자 입구와 커피에 닿는 부분과의 높이는 물줄기의 굵기에 달려 있다. 주전자를 잡지 않는 손의 검지손가락을 이용해 물줄기의 아래위로 가늠해 본다. 이때 가장 가볍게 혹은 느낌이 없이 닿아질 때가 커피에 충격이 가장 적은 높이이다. 커피를 추출하고 난 뒤 커피가 밑으로 푹 꺼지지 않고 평평하게 남아 있는 것은 그만큼 커피에 물이 충격을 주지 않고 닿았다는 증거이다. 이를 두고 커피에 물을 얹어 준다고 표현한다. 자잘하고 균일한 거품이 커피의 가운데 부분에 남아 있으면 좋다. 굵은 거품이 나오는 경우 커피에 닿는 물의 온도가 너무 높았다는 이야기이므로 그 경우 커피의 쓴맛이 강조되기가 쉽다.

# 카리타 드립

카리타는 밑으로 구멍이 세 개 있는 일본에서 만든 드립퍼이다. 구멍이 세 개 있다보니 구멍이 한 개인 메리타보다 물빠짐이 훨씬 용이하다. 커피가 드립퍼에 머물렀다 떨어지는 관계로 바로 떨어지는 고노나 융에 비해 커피의 맛이 보다 편안하고 밋밋하다. 머신으로 익숙한 한국인들의 입맛에는 알맹이나 덩어리가 있는 커피보다 카리타로 내린 커피가 편안하게 느껴진다. 특히 에티오피아나 인디아 몬순 커피와 같이 구수한 맛을 표현해낼 수 있는 커피들은 그 알맹이를 강조함으로써 무거운 느낌을 주기보다는 오히려 편안하고 부드러운 측면을 강조해주는 것도 좋다. 구멍이 세 개라 막힐 염려가 없으므로 초보자들도 쉽게 맛있는 커피를 추출할 수 있다.

기본적으로 카리타는 120~150ml 한 잔의 커피를 뽑는 경우 얇은 물줄기로 뜸을 들인 후 3~4차례에 걸쳐 커피를 드립하는 것이 일반적이다. 이는 카리타가 지닌

드립퍼, 카리타

카리타 커피 추출

물빠짐의 용이성 때문에 아주 천천히 물길을 주지 않아도 좋기 때문이다.

커피에 물을 주입하는 방법에는 여러 가지가 있다. 가장 흔히 쓰는 방법으로는 가운데서부터 밖으로 천천히 원을 그리면서 물을 주입하는 방법이다. 이때 물길이 간 길을 따라 아주 천천히 촘촘하게 물을 줄 수도 있으며, 가지 않았던 길을 가는 방법도 있다. 물길이 닿은 곳은 밑으로 살짝 꺼지면서 하얗게 길이 생기는 반면 닿지 않은 곳은 브라운색으로 보인다. 따라서 그 다음에는 이 브라운색 부분, 즉 이전에 가지 않았던 길을 따라가는 것이다. 이렇게 함으로써 골고루 물을 주는 결과를 줄 수가 있다. 기본적인 원칙은 커피에 골고루 물을 얹어줌으로써 커피의 맛있는 성분만을 골라 뽑는 것이다.

그리고 마지막 순간 전까지는 커피가 필터와 닿아 있는 부분까지 물을 주지 않는 것이 좋다. 이렇게 함으로써 드립퍼 표면으로 물길이 생겨 그 쪽으로만 물이 내려가 묽은 커피가 만들어지는 것을 막는다. 바깥 끝쪽으로까지 물길을 주지 않아도 드립퍼의 아래쪽은 윗부분보다 사이즈가 작으므로 충분히 골고루 적셔질 뿐만 아니라 위에서 주입된 물은 아래쪽 부분에서 충분히 돌아 내려오기 때문이다.

골고루 커피를 적신다는 측면에서 보면 또 다른 방식의 드립법이 눈에 들어온다. 그 하나는 일종의 꽃드립이라 불리는 것으로 꽃 모양으로 물을 붓는 것이다. 이때에도 물론 커피에 골고루 물을 적시는 것이 기본이다. 원하는 추출양이 뽑아진 경우에는 바로 드립퍼를 컵이나 서버에서 옮겨 커피가 묽어지는 것을 방지하도록 하자. 중간 정도 분쇄된 커피를 사용하는 것이 좋으며 어떤 로스팅 정도의 커피도 소화가 가능하다.

카리타를 예로 들어 다시 한번 추출하는 법을 상세히 설명해 보자.

a. 서버를 데우고 드립퍼를 셋팅한다. 플라스틱 드립퍼의 경우 온도에 그다지 민감하지 않으므로 보온할 필요가 없으나, 세라믹 도기의 경우에는 차가우므로 반드시 뜨거운 물로 보온한 후 사용한다. 보온되지 않은 드립퍼를 사용할 경우 커피의 맛이 변형될 우려가 있다.

b. 드립퍼에 페이퍼를 접어 끼운다.

c. 원두를 계량하여 넣는다. 계량 스푼이나 저울을 이용하여 정확한 양의 커피를 사용하도록 한다. 1인분 150ml를 추출할 경우 중배전의 경우 12~15g의 커피를 사용한다. 계량할 스푼이나 저울이 없을 경우 밥 스푼으로 수북히 뜨면 약 6g 정도의 커피가 된다. 따라서 두 스푼 정도의 커피를 넣으면 대략 적당하다.

d. 원두 표면을 고르게 하여 원두 가루가 한 곳에 모이지 않도록 한다. 필터의 수평이 고르게 되어야 균일한 양의 물이 지나가게 된다. 이때 원두를 아래로 다져서 빽빽하게 하면 물길이 지나가기 어렵다. 따라서 양옆으로 흔들어 다져지지 않고 표면이 평평하도록 주의한다.

e. 최초의 물을 붓는다. 이때 물은 정수된 물을 한 번 끓였다 식혀 사용하고 물의 온도는 커피의 로스팅 정도와 맛에 따라 83~92℃에 맞춘다. 모기향 모양으로 중심에서부터 천천히 소량의 물을 붓는다. 처음 물을 한꺼번에 부으면 너무 빨리 커피를 통과하여 커피의 맛과 향을 충분히 추출할 수 없다. 물은 원두 가루

면에 수직으로 떨어지도록 한다. 물이 수직으로 떨어지는지를 확인하기 위해 시야는 주전자의 끝에 두는 것이 좋다.

뜸을 들이면 잠시 후 물이 전체에 침투하여 가루가 부풀어 오른다. 팽창이 끝날 때까지 다음의 주입을 하지 않는다. 이때 뜸들이는 시간은 약 20~30초 정도이다. 뜸을 들이는 최대의 목적은 물이 지나가는 길을 가루 전체에 확보하는 데 있다. 물이 충분히 스며들면 가루 입자는 팽창하여 열린 상태가 되며 가루의 내부까지 물이 지나가는 동시에 예열된다. 뜸 들이는 상태에서는 가루에 최소량의 물이 접하고 있으므로 각 성분의 높은 추출액을 얻을 수 있다. 강한 쓴맛과, 감칠맛을 원한다면 뜸 들이는 시간을 충분히 길게 잡는 것도 한 가지 방법이다. 뜸 들일 때의 최대 포인트는 가루 위에 물을 얹는 기분으로 주입하는 것이다.

**Tip. 필터 접기**

- 접는 방법: 필터의 오른쪽 씰 부분을 접는다. ⇨ 밑바닥의 씰 부분을 반대방향으로 접는다. ⇨ 접은 부분을 고르게 한 다음 필터를 벌려 접은 부분을 다시 고르고 부드럽게 한다. ⇨ 바닥을 평평하게 하여 드립퍼와 필터 사이의 공간이 생기지 않게 한다.
- 필터를 반대 방향으로 접으면 서로 당기는 힘이 있어 드립퍼에 보다 잘 끼워지게 된다. 또한 드립퍼에 필터를 밀착시키기 전 아래쪽 양 코너를 손으로 살짝 눌러주면 보다 세밀하게 밀착된다.

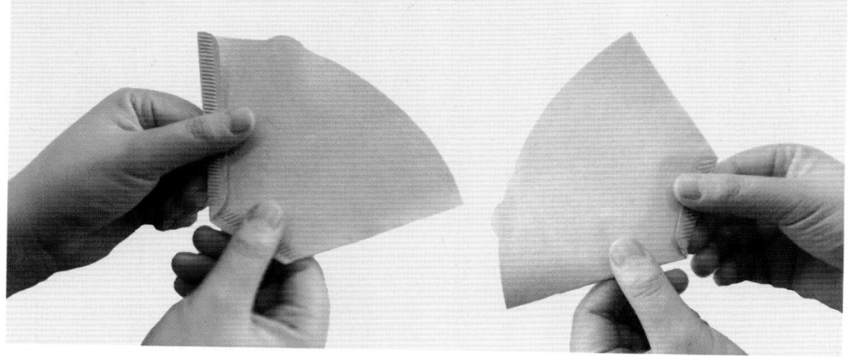

f. 두 번째 물을 붓는다. 충분히 뜸을 들인 후 두 번째 물을 붓는다. 커피가 찐빵처럼 부풀어 터지기 직전에 두 번째 물을 부어야 한다. 물을 커피에 얹어 주었을 때 지나치게 굵은 거품이 생긴다면 물의 온도가 커피에 비해 높음을 의미한다. 반면 물의 온도가 낮을 경우에는 물이 커피에 스며들지 않고 커피 위를 겉돌게 된다. 따라서 물의 온도를 적절히 조절함으로써 커피에 최적의 상태를 주도록 하자. 너무 바깥쪽까지 물을 붓지 말고 커피가 추출되어 내려가는 속도와 물을 주는 속도를 최대한 맞추도록 물줄기의 굵기를 조절한다. 일반적으로 물줄기

는 2~3mm 정도가 적당하다. 중심에서는 천천히, 바깥쪽으로 갈수록 빠르게 추출하는 것이 좋다. 물을 주는 높이가 지나치게 높으면 커피가 물줄기에 튀고 파여서 푹 꺼져 버리므로 가장 편안하게 닿을 수 있는 높이를 가늠하여 물을 주입한다. 두 번째 물 붓기에서는 실제로 맛있는 커피 성분이 추출되는 단계임으로 물줄기에 세심한 배려가 필요하다. 50ml 정도 추출되면 물 붓기를 일단 중지한다.

g. 세 번째 물을 붓는다. 드립퍼 속의 물이 다 떨어지기 전에 원두 표면의 중심 부분이 수평이 되면 세 번째 주입을 시작한다. 이때 추출된 커피의 양이 전체의 2/3를 보충하는 것이다.

h. 네 번째 물을 붓는다. 이 작업은 최종 작업으로 서버의 눈금을 확인하면서 주입하고 정량이 되면 드립퍼 속의 물이 있어도 바로 드립퍼를 제거한다. 두 번째와 세 번째 추출에서 원하는 맛있는 성분이 대부분 추출되었으며 네 번째 물 붓기는 원하는 양을 맞추는 작업이다. 커피가 사람의 입에 들어갈 때 가장 적합한 온도는 65~70℃ 정도이다. 아래쪽의 진한 농도와 윗부분의 연한 커피가 잘 섞이도록 골고루 저어 준 다음, 위에 떠 있는 거품을 제거하고 커피의 맛과 온도를 확인한 후 서빙한다.

## 고노 드립

고노는 아래쪽으로 큰 구멍이 있으며 아래에 있는 꼭지점까지 그 어디에서 선을 그어도 그 지점이 같은 원추형이다. 드립퍼도 메리타나 카리타와 달리 원추형으로 되어 있다. 고노는 드립 시 드립퍼가 둥글기 때문에 원을 일정하게 그리며 추출하기에 좋다. 커피의 맛에 있어서는 메리타나 카리타보다 훨씬 알맹이 있고 진한 커피가 추출된다. 융에 가장 가까운 드립퍼라 할 수 있다. 카리타나 메리타보다 진한 커피를 추출할 수 있는 반면 추출되는 속도도 빠르다. 고노로 드립한 커피는 처음

드립퍼, 고노

에는 쉽게 목구멍으로 들어가고 가운데 알맹이가 있다가 목안으로 들어갈 때는 편하게 넘어가면서도 긴 여운을 남긴다.

고노의 드립 방법은 뜸을 들인 후 중간 굵기보다 곱게 갈아진 커피를 가는 물줄기로 내린다. 천천히 중앙에서부터 물을 부으면 물빠짐이 카리타보다도 좋기 때문

에 쉬지 않고 원하는 양이 될 때까지 커피를 추출할 수 있다. 그러나 물론 물줄기가 굵을 경우에는 물 빠짐의 속도에 따라 물을 주고 쉬었다가 수평이 되면 또 가늘게 가운데서부터 반복한다. 마지막 물줄기에는 커피의 수위를 올려 거품에 잡미를 잡아두게 한 후 드립퍼를 서버에서 분리시킨다. 아주 진하고 농밀한 커피를 내릴 경우에는 점적으로 50초~1분간 충분히 뜸을 들인 후 천천히 가운데서부터 물줄기를 주어 추출하면 된다.

## 융 드립

융은 플란넬이라고 하는 천이다. 융은 양면이 서로 다른데 융의 생명은 그 천의 안쪽에 있는 털에 있다. 털이 닳아 없어지면 생명이 다하는 것이다. 생명이 다하면 융 특유의 커피 맛을 기대할 수 없게 된다. 따라서 그때에는 새로운 융으로 바꾸어

융 드립 커피 추출

주어야 하므로 반 영구적이다. 융의 모양은 2매음과 3매음이 있다. 플란넬이란 천만 있으면 이를 만들기는 그리 어려운 편이 아니다. 추출 시에는 모가 긴 쪽을 바깥쪽으로 향하게 하여 사용하는데 이는 융 모의 흐름을 쉽게 함으로써 융의 특성을 살린 커피의 추출을 용이하게 하기 위함이다.

융 드립 커피의 특징은 다른 추출에 비해 기름지고 꽉 차는 풍부한 맛이라고 할 수 있다. 사람의 입맛은 점차 연한 커피에서 진한 것으로, 밋밋한 것에서 감칠맛 있고 깊이 있는 커피로 변하게 된다. 진한 커피의 진수는 뭐니 뭐니 해도 융 드립이다. 융 드립 커피는 커피의 오일 성분을 걸러내지 않고 그대로 추출함으로써 기름지고 진한 맛을 느낄 수 있다. 게다가 다른 커피에 비해 커피의 입자가 둥글어 입 안에서 매끈거리는 느낌이 강하고, 그 여운이 입 안에 오래 남는다. 드립 커피의 역사가 긴 일본의 경우 커피를 볶는 많은 집들이 융 드립을 선택한다. 그만큼 융 드립 커피는 강렬하고도 긴 여운을 남기기 때문이다.

**추출 준비**

융 드립은 보관과 취급이 어렵다. 융을 처음 사용할 경우에는 취급하기 전에 끓는 물에 커피를 한 스푼 정도 넣고 약한 불에 30분 정도 끓인다. 이렇게 함으로써 융에 붙어 있는 풀이나 천의 냄새를 제거하고 섬유 조직을 풀어 주어 커피향을 자연스럽게 스며들게 하여 커피를 추출했을 때 잡미를 없앨 수가 있다. 융을 충분히 삶은 다음에는 흐르는 깨끗한 물에 씻는다. 사용하던 융의 경우에도 융을 깨끗이 씻는다. 이는 커피의 오일 성분이 오랫동안 필터에 베어 있거나 커피의 작은 입자가 필터의 구멍을 막아 필터가 오염될 우려가 있기 때문이다. 필터가 오염되면 그 불순물에 의해 필터에 좋지 않은 냄새가 날 수 있으므로 보관 시 늘 깨끗이 씻고 사용하기 전에 흐르는 물에 헹궈 사용하도록 한다.

추출에 앞서 융을 보온하는 것을 잊지 말아야 한다. 융은 드립퍼에 끼우는 페이퍼와 달리 물을 많이 머금는다. 따라서 뜨거운 물로 융을 따뜻하게 데운 후에 깨끗한 수건으로 물기를 완전히 제거해야 한다. 융에 물기가 남아 있을 경우 물맛이 나는 커피가 추출될 우려가 있으며 보온하지 않은 융을 사용할 경우 추출 과정의 온도 변화로 인해 커피의 맛이 변형되어 좋지 않은 맛을 내게 된다. 보온한 드립퍼는 탁탁 털어 필터의 주름을 펴서 사용한다.

커피를 넣을 때는 융 드립퍼에 커피를 2/3 이상 넘지 않도록 주의한다. 융 필터는 팽창력이 강해 커피가 드립퍼 밖으로 넘쳐날 우려가 있기 때문이다.

**추출**

융 필터가 가진 특징을 잘 살리기 위해서는 일반적인 커피의 양보다 약간 더 많은 커피를 사용한다. 너무 적은 양을 사용하게 될 경우 필터가 깊고 넓어 제대로 된 추출이 어렵다. 통상 한 잔에 15~20g의 커피를 사용하는데, 융 드립 커피는 30~35g의 커피를 사용하여 60~100ml 정도로 진하게 내리면 보다 감칠맛 있고 깊은 커피를 음미할 수 있다.

융 드립의 경우 뜸들이기에 보다

신경을 써야 한다. 물의 양이 너무 적으면 커피의 층이 두터워 팽창이 충분히 되지 않을 뿐 아니라 바닥까지 물이 닿지 않는다. 반면 물의 양이 지나치게 많을 경우 제대로 추출되지 않은 묽은 커피가 내려져 융의 진가를 발휘할 수 없게 된다. 또한 지나치게 빠른 속도로 물 붓기를 할 경우 표면이 지나치게 많이 팽창하여 부풀어 오른 커피가 터져 버린다. 속도가 너무 느린 경우에는 뜸들이는 시간이 길어져 불쾌한 쓴맛과 텁텁한 맛이 나게 된다. 충분한 연습을 통해 한 두 방울 똑똑 떨어질 정도의 적절한 물 붓기를 하게 되면 적절히 팽창된 커피의 층을 통해 커피의 맛있는 성분을 추출할 수 있게 된다.

융으로 드립을 하는 방법은 여러 가지가 있을 수 있겠다. 일반적인 다른 드립퍼를 썼을 경우와 같이 드립을 해도 맑고 윤기 있는, 진하고 매끈거리는 뒷맛을 음미할 수 있다. 그러나 융 드립의 묘미는 충분히 많은 양의 커피를 굵게 갈아 천천히 방울방울 떨어뜨려 주는 것이다. 점점이 떨어지는 진한 커피는 그 맛이 입 안에 꽉 찬 느낌이며 심장과 핏속으로 진하게 엉겨드는 느낌이다. 뿐만 아니라 작은 잔에 담긴 반짝거리는 그 칠흑 같은 커피는 매혹 그 자체이다. 악마처럼 매혹적이며 죽음처럼 검고 유혹적인 이 한 잔의 커피는 그 어떤 행복과도 바꾸고 싶지 않은 삶의 진수, 엑기스 그 자체이다. 흔히들 에스프레소를 커피의 정수, 본질과 같다고 이야기를 한다. 에스프레소가 바디감 좋고 묵직하여 맥주의 기네스와 같은 느낌이라면, 진한 융 드립 커피는 위스키처럼 산뜻하면서도 깊고 그윽하다.

그러나 이렇게 천천히 드립한 커피는 오랫동안 공기에 노출되기 때문에 내려진 커피의 온도가 떨어져 식은 커피가 된다. 이때 커피를 약한 불에 천천히 보온하여 온도를 보강하기도 하는데 이렇게 할 경우 처음의 커피에 비해 약간 숙성된 듯한 맛이 가미되어 커피가 한층 깊어진다. 반면 바디감은 떨어져 약간 얇은 듯한 느낌을 받을 수 있다. 따라서 추구하고자 하는 스타일에 따라 보온 여부를 선택한다. 커피를 서버에 넣어 보온하는 방법은 커피에 바깥거품이 생겨 안으로 들어와 모이기 직전에 옮기는 것이다. 융으로 내린 커피를 우유나 기타의 재료를 첨가하여 베리에

이션을 만들 경우에는 가능하면 보온을 하여 차가운 커피가 주는 불쾌감을 제거하는 것이 좋다.

**필터의 보관**

커피를 추출하고 난 다음에는 필터를 뒤집어 커피를 버리고 융을 흐르는 물에 깨끗이 씻은 다음 손잡이와 함께 드립퍼가 들어갈 수 있는 크기의 밀폐용기에 잠길 정도의 찬물을 부어 융 필터를 담근 다음 냉장고에 넣어 보관한다. 밀폐용기에 담겨져 있는 물에 기름이 끼기 쉬우므로 드립퍼를 씻고 물도 자주 갈아야 한다. 장기간 커피를 추출하지 않게 될 경우에는 깨끗이 씻은 필터를 완전히 말려 보관하여야 한다. 그렇지 않으면 곰팡이가 피거나 찌든 커피 냄새가 나기 쉽다. 오랫동안 사용하지 않았던 필터를 다시 사용할 경우에도 처음 사용할 때와 마찬가지로 커피와 더불어 한 번 끓여 사용하는 것이 좋다. 추출 시간이 길어지거나 닳았다고 느껴질 경우, 혹은 융 드립 커피 특유의 감칠맛이나 향이 떨어졌다고 느껴질 경우 쓰던 필터를 버리고 새것으로 바꾸는 것이 좋다. 융 드립은 추출 기술이나 관리가 까다롭고 어려우나 제대로 된 추출과 보관에 익숙해지면 그 어떤 드립으로 내린 커피보다 매력 있고 감동적인 한 잔의 커피를 만나게 된다.

# 드립으로 맛있는 응용 커피 만들기

### Tip. 메뉴를 만들기 위한 준비

#### • 휘핑크림 만들기

설탕이 가미 되지 않은 생크림에 설탕을 가미하여 사용하거나 당분이 첨가된 휘핑크림을 이용한다. 당분이 첨가된 휘핑크림의 경우 당도를 조절할 수 없는 단점이 있는 까닭에 여기서는 개인의 기호에 따라 당도를 조절할 수 있는 생크림을 사용하도록 한다. 생크림 100ml에 설탕 5g 정도를 넣어 손잡이가 달린 휘핑기나 손으로 직접 휘핑한다. 휘핑기가 손쉽기는 하나 손으로 만드는 휘핑이 훨씬 더 윤기있고 부드럽다. 차갑게 식힌 넓고 커다란 용기를 기울여 바닥부분에만 휘핑기가 닿도록 하여 아래에서 위로 걷어 올리듯이 휘핑한다. 중간중간 제대로 섞이지 않은 윗부분의 생크림을 아래로 내려 섞으면서 휘핑하는데, 더운 여름에는 얼음물을 담은 볼 위에 얹어 휘핑해야 분리되지 않은 제대로 된 휘핑크림을 얻을 수 있다. 휘핑기를 사용할 경우 생크림이 놀라지 않게 3단에서 시작하고 전체적으로 섞였다 싶으면 5단으로 돌려 휘핑을 완성하는데 이때 한 방향으로 돌리도록 한다.

휘핑이 진행되는 동안 생크림은 점차 결이 생기면서 단단해진다. 이때부터는 휘핑기를 위로 들어올려 수시로 확인하는 것이 좋은데 흘러내리지 않고 뾰족한 뿔이 서 있으면 완성된 상태이다. 이 상태를 넘어버리면 덩어리가 지다가 풀어져 분리되므로 완성되는 시점의 포인트를 찾는 것이 무엇보다 중요하다.

#### • 설탕 시럽 만들기

아이스커피에는 설탕이 제대로 녹지 않는 까닭에 설탕 시럽을 만들어 사용한다. 일반적으로 설탕 시럽은 물과 설탕의 비율을 1 : 1로 하나 이 경우 묽어 시럽의 소비량이 많은 관계로 10 : 7 혹은 조금더 진하게 1 : 2 정도로 농도를 올리는 것이 좋다. 찬물에 설탕을 위의 비율로 넣어 저은 뒤 약한 불에 올려 젓지 않고 설탕이 녹을 때까지 그대로 둔다. 설탕이 다 녹으면 불을 끈 후 살짝 젓고 그대로 식힌 다음 용기에 넣어 사용한다.

### 비엔나 커피

비엔나 커피

a. 20g의 중 · 강배전된 커피를 고노나 융을 이용하여 진하게 120ml 추출한다.
b. 커피에 설탕을 5g 넣은 후 잘 젓는다.
c. 위에서 만든 휘핑크림을 세 스푼 정도 덜어 커피 위에 스푼이나 아이스크림 스쿱으로 먹음직스럽게 얹어준 다음 그 위에 시나몬 가루를 살짝 뿌린다. 은근한 향기를 원할 경우 생크림에 바닐라 에센스나 오렌지 술을 몇 방울 떨어뜨려 향미를 낼 수 있다. 이때 지나치게 많은 양을 가미할 경우 느끼해지므로 주의한다.

### 카페오레

카페오레

a. 작은 냄비에 100ml의 우유를 넣고 약한 불에 데운다.
b. 중 · 강배전된 커피 25g을 융으로 천천히 100ml 내린다.
c. 우유가 냄비 바깥쪽으로 작은 방울이 생성되어 안으로 들어오려는 순간 불을 끈다. 완전히 끓어버리도록 우유를 내버려두면 우유 표면에 막이 생길 뿐만 아니라 우유의 맛이 심하게 나서 커피 맛을 해치게 되므로 불을 끄는 포인트에 유의한다. 또한 추출이 끝나는 시간과 우유의 데워지는 시점을 맞추도록 한다.
d. 데운 우유와 내려진 커피를 좌우로 마주보고 서로 만나게 하여 데워진 잔에 따

른다. 주로 크루아상과 함께 아침식사 대용으로 마시는 카페오레는 손잡이가 없는 밥 그릇 만한 볼에 많은 양을 마시는 것이 일반적이다. 일종의 커피우유인 카페오레는 진한 드립 커피일 경우 더욱 고소한 맛이 나며 기호에 따라 설탕을 넣어 마신다.

**카페로얄**

a. 중・강배전된 커피 20g을 곱게 분쇄하여 120ml 추출한다.
b. 이브릭 같은 작은 용기에 꼬냑을 2/3oz를 넣고 불 위에 가열한다.
c. 추출한 커피를 데운 잔에 붓고 로얄스푼을 컵 위에 올린 후 덩어리 설탕을 그 위에 얹는다.
d. 데운 꼬냑에 불을 붙여 설탕 위로 붓는다. 어두울 때 불을 끄고 연출하면 근사하다.

카페로얄

**아이리쉬**

a. 아이리쉬 잔에 아이리쉬 위스키를 2/3oz 넣고 불위에 잔을 돌리면서 가열한다.
b. 중・강배전된 커피 20g으로 120ml 추출한다.
c. 데운 위스키에 불을 살짝 붙여 알코올을 날리고 커피를 그 위에 붓는다.
d. 80 % 정도로 만들어진 생크림을 얹고 계피가루를 살짝 뿌려 장식한다. 아이리쉬

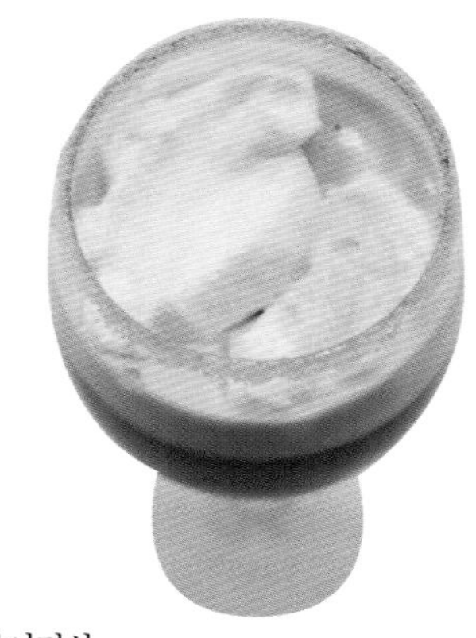
아이리쉬

잔 둘레에 레몬즙을 묻히고 설탕을 발라 불에 녹인 후 커피를 부으면 더욱 운치 있다.

드립 아이스커피

**드립 아이스커피**

a. 25g의 강배전된 커피를 곱게 분쇄하여 120ml 추출한다.
b. 넓은 볼에 얼음물을 채우고 그 위에 서버 채로 넣어 식힌다. 얼음볼 위에 서버를 올려 드립해도 좋다.
c. 아이스커피용 컵에 얼음을 채우고 식은 커피를 붓는다. 컵에는 얼음을 미리 채워두어 차갑게 식히는 게 좋으며 이때 녹은 얼음물을 따라 버리고 그 위에 커피를 붓는다.
d. 작은 용기에 설탕 시럽을 곁들여 빨대를 꽂아 서빙한다.

**핫 모카자바**

a. 중 · 강배전된 커피 20g을 곱게 분쇄하여 고노나 융으로 진하게 120ml 드립하여 내린다.
b. 커피에 초콜릿 파우더와 소스 및 설탕을 두 스푼씩 넣고 잘 젓는다.
c. 미리 만들어 둔 휘핑크림을 얹는다.
d. 생크림 위에 초콜릿 가루나 초콜릿 슬라이스를 살짝 얹어 장식한다.

# 바리스타, 그들은 누구인가

## 바리스타란

바리스타Barista란 에스프레소를 추출하고 에스프레소 메뉴를 만드는 사람을 일컫는다. 이는 바 맨Bar Men이라는 이탈리아어로서, 초기 이탈리아에서는 바에서 에스프레소 머신을 두고 일하는 바 맨이 에스프레소를 내렸다고 해서 생긴 말이다. 바리스타는 단지 커피 한 잔을 추출하는 사람이 아니다. 또한 에스프레소는 기계가 내려주는 진한 한 잔의 커피만은 아니다. 초기 한국에서도 커피만 넣으면 기계가 갈아서 추출까지 해 주는 전자동 머신을 선호했다. 전자동 머신은 기계가 알아서 적당히 커피를 내려주기 때문에 인건비를 줄일 뿐만 아니라 일관된 맛을 제공한다. 그러나 제아무리 비싼 자동 머신이라 할지라도 기술이 뛰어난 바리스타에 의해 제대로 내려진 한 잔의 에스프레소에는 따라갈 수가 없다. 사람은 날씨의 변화나 에스프레소 빈의 로스팅 날짜와 볶은 정도에 적절히 반응하여 최상의 에스프레소를 내려줄 수 있는 반면, 자동 머신은 그 변화에 민감하게 대처할 수가 없다. 손님을 위한 맞춤 서비스는 사람의 섬세함으로만 해결할 수 있는 것이기 때문이다.

바리스타는 머신의 기능을 잘 파악할 뿐만 아니라 머신에 적합한, 혹은 손님의 욕구에 부합하는 질 좋은 에스프레소를 선택할 줄 알아야 한다. 그리고 선택한 머신과 커피에 대한 이해가 필요하다. 맛있는 한 잔의 에스프레소는 커피와 그것을 다루는 머신의 이해에 바탕해 있기 때문이다. 바리스타는 그날 그날의 환경이나 로스팅 날짜와 배전 정도에 따라, 때로는 하루에도 몇 번씩 세팅을 달리해야 한다. 또한 바리스타는 손님에게 적절한 맞춤 서비스를 하는 사람이다.

## 일반 커피와는 다른 에스프레소의 정의

에스프레소Espresso란 영어로 익스프레스Express, 즉 빠르다Rapid, Fast라는 뜻이다. 이 빠름은 커피 추출의 빠름뿐만 아니라, 커피를 마시는 속도의 빠름까지를 의미한다. 익스프레스Express에는 힘에 의해 Press out된다는 뜻도 있으며, 익스프레스리Expressly에는 Particularly, 즉 특별한 한 사람을 위해 만들어지는 커피라는 의미도 들어 있다.

일반적으로 정의되기를 에스프레소란 강하게 볶은 원두를 곱게 분쇄하여 에스프레소 전용 커피 머신으로 추출한 커피를 의미한다. 이때 커피의 양은 25~30ml이고, 원두의 양은 7~9g 정도, 물의 온도는 88~92℃이며, 커피 머신의 기압은 8~9bar, 추출 시간은 25~30초 이내여야 한다. 빠른 시간안에 추출된 30ml의 커피는 3~4ml 정도의 황금색 크레마를 띤다. 호랑이 줄무늬가 그려진 황금색 크레마는 커피의 맛과 향을 머금고 있다. 따라서 에스프레소는 이 크레마가 사라지기 전, 그 향과 맛이 삭감되기 전에 재빨리 음미하는 음료이다.

한편으로 에스프레소를 커피의 엑기스, 정수 혹은 본질이라고 이야기한다. 존재의 본질. 그러니까 에스프레소 한 잔에는 숨길 수 없는 커피 그 본연의 모습이 그대로 드러나 있다. 본질은 늘 순수하고 깊고 아름답다. 에스프레소가 그렇다. 꽉 찬 바디감과 그 조화로움, 혀 끝에 남는 깊이가 매혹적이리만큼 아름답다. 커피숍을 열면서, 혹은 아름다운 아침 주방의 창문을 열어 젖히며 고혹적인 에스프레소 한 잔을 만끽한다고 생각해 보라. 묽고 많은 양의 커피가 필요 없다. 맛과 향이 고스란히 응축되어 담긴 30ml의 커피, 데미타스라고 불리는 작은 잔에 담긴 이 몇 모금의 커피만으로 충분히 훌륭하다. 마신 후에 남겨진 여운은 공간을 불문하고 우리를 아름다운 고원으로, 환상의 자연으로 이끈다.

에스프레소 추출

**에스프레소란**

첫째, 에스프레소는 에스프레소 전용 머신을 통해서 추출해야 한다. 그것이 모카 포이든 가정용 에스프레소 머신이든 혹은 업소용이든 에스프레소 방식으로 추출해야 한다. 이때의 에스프레소 방식이란 강한 압력으로 재빨리 추출된 커피를 의미한다. 핸드 드립Hand Drip이나 프렌치 프레스French Press로 아무리 진하게 추출을 해도 에스프레소라 부를 수 없는 이유가 여기에 있다.

둘째, 에스프레소는 에스프레소용으로 로스팅되고 블렌딩된 커피를 사용하여 위의 추출 방법에 의해 만들어진 커피를 의미한다. 스트레이트Straight 커피나 신맛을 살린 드립용 블렌드를 쓰지 않는 이유는 에스프레소가 강하고 묵직한 바디감을 강조하는 커피이기 때문이다. 따라서 보통 에스프레소 잔이나 카푸치노 잔들은 두툼하고 묵직하다. 이는 잔에서도 에스프레소의 맛과 깊이를 느낄 수 있어야 하기 때문이다. 스트레이트 커피로는 에스프레소가 요구하는 무거움을 표현하지 못한다. 특히나 신맛이 강한 커피는 더욱 그렇다. 왜냐하면 신맛이 강한 커피에 압력을 이용할 경우 커피는 시큼한 맛이 두드러지는 경향이 있기 때문이다. 따라서 진한 바디감을 요구하는 에스프레소의 경우 라이트나 시나몬 로스팅과 같은 약배전된 커피를 사용하지 않는다. 이탈리안이나 프렌치 로스팅과 같은 강배전 중의 어느 한 단계를 아예 에스프레소 로스팅이라고 이름 붙이기까지 한다.

셋째, 에스프레소는 손님에게 서빙되는 방식이 에스프레소 방식이어야 한다. 대부분의 경우, 적은 양의 진한 에스프레소는 한 잔의 물과 함께 작은 잔에 서빙된다. 가능하면 테이크아웃을 하지 않도록 권유하는데 이는 에스프레소란 테이크아웃하여 한참 후에 마시는 커피가 아니기 때문이다. 크레마가 사라지기 전에, 진한 향과 바디감이 사라지기 전에 재빨리 마셔야 그 맛을 제대로 음미할 수 있기 때문이다. 즉 에스프레소란 커피의 독특한 추출 방법을 의미하기도 하고, 그 추출 방법에 의해 생산된 커피를 의미하며, 작은 데미타스 잔에 커피를 서빙하는 스타일을 통틀어 일컫는다.

**일반 커피와의 차이점**

첫째, 에스프레소는 터키쉬 커피를 제외한 일반 다른 커피에 비해 아주 곱게 분쇄된 커피를 사용한다. 이는 단시간에 뜨거운 물이 원두커피의 가루 사이를 빠져나가기 때문에 드립을 위한 중간 혹은 거친 분쇄를 이용할 경우 원두의 성분이 충분히 녹지 않아 가볍고 어설픈 맛이 연출되기 때문이다.

둘째, 에스프레소는 일반 다른 커피에 비해 강배전된 커피를 사용한다. 드립용의

약배전된 원두로 에스프레소를 추출할 경우 신맛이 지나치게 강하게 되기 때문이다. 반면 에스프레소용으로 강배전되어 블렌딩된 커피를 드립하게 되면 지나치게 쓰고 무거운 느낌이 든다. 원두커피에는 수백 종의 성분이 미묘하게 어우러져 있으나 드립 방식에서는 쓴맛이, 에스프레소 방식으로는 신맛이 나오기 쉽기 때문에 맛의 밸런스를 유지하기 위해서, 에스프레소에는 강배전된 원두를 사용한다.

셋째, 에스프레소는 일반 다른 커피에 비해 추출 시간이 짧다. 예를 들어 드립식으로 커피를 추출할 경우 최소 1~2분 경과하는 반면 에스프레소는 25~30초 안에 커피의 엑기스를 추출한다.

넷째, 에스프레소는 일반 다른 커피에 비해 농도가 짙다. 곱게 분쇄하여 탬퍼 Tamper라는 기구로 다져서 고압력을 이용하여 강제적으로 추출하는 에스프레소는 다른 커피에 비해 진한 엑기스를 만든다. 에스프레소는 드립 커피와 비교해 볼 때 같은 양의 더운 물로 녹이는 성분이 많아 더욱 진하다.

다섯째, 에스프레소는 일반 다른 커피와 맛의 표현이 다르다. 예를 들어 드립 커피가 깔끔하고 긴 여운을 강조한다면 에스프레소는 묵직하고 강하며 전체적으로 퍼지는 바디감을 중요하게 생각한다.

여섯째, 에스프레소는 일반 다른 커피에 비해 카페인의 함량이 적다. 카페인은 로스팅을 강하게 할수록 줄어드는데 에스프레소는 일반적으로 강배전된 커피를 사용하여 재빨리 추출하는 것을 기본으로 한다.

일곱째, 에스프레소는 일반 다른 커피에 비해 추출 양이 적다. 드립 커피 한 잔의 분량은 보통 150ml 정도이지만, 에스프레소에서는 원두의 성분이 응축되어 있으므로 한 잔의 분량이 30~60ml 정도(싱글 에스프레소 30ml, 더블 에스프레소 60ml, 룽고 50ml)이다.

여덟째, 에스프레소는 일반 다른 커피에 비해 마시는 방법이 다르다. 작은 데미타스 잔에 나오는 에스프레소의 적당한 쓴맛은 단것과 궁합이 맞는다. 따라서 이탈리아 사람들은 에스프레소에 설탕이 바닥에 깔릴 정도로 넣어 마셔야 진정한 에스프레소의 매력을 느낄 수 있다고 말한다.

아홉째, 에스프레소는 일반 다른 커피와 추출 방법에 있어 다르다. 터키쉬의 경우 보일링 방식을 취하고, 드립의 경우 중력을 이용한 물의 자연스러운 흐름을 강조하는 반면 에스프레소는 고온의 증기압으로 강제로 추출한다. 그 때문에 에스프레소 머신이라 불리는 전용의 기구를 사용한다. 압력을 가하는 방법에는 증기압을 사용하는 방법, 인간의 힘을 사용하는 방법, 전동 펌프를 사용하는 방법 등이 있으며 이런 원리를 이용한 에스프레소 머신에도 여러 가지 종류가 있다. 압력도 1.5기압부터

10기압을 넘는 것까지 여러 가지이며, 어느 정도 압력이 높아야만 본격적인 에스프레소가 된다.

위의 내용에서 살펴본 대로 에스프레소는 일반 커피와는 다른, 크레마Crema로 뒤덮인 집약적인 블랙커피로 그 향과 맛과 바디감이 더욱 진한 커피로서, 인간의 즉각적인 감각에 호소하는 매력이 있다.

## 에스프레소의 역사

에티오피아에서 시작되어 유럽에 이르게 된 커피는 점차 고객들에게 인기를 끌어왔을 뿐만 아니라 추출 방법에서의 변화와 발전을 동시에 가져왔다. 보다 많은 손님에게 커피를 제공할 필요가 생기자 19세기 유럽에서는 커피의 추출 속도를 올리기 위한 기계를 고안하기에 이른 것이다. 추출 속도를 높이기 위해 더운 물이 커피가루를 재빨리 통과하도록 압력을 증가시킬 방법을 연구한 결과 다양한 고안물들이 생겨났다.

1843년에 프랑스인 에드워드 데산테Edward Loysel De Santais에 의해 고안되어 1855년 파리 만국박람회에 출품된 기계가 그 시작이다. 이 기계는 증기 기관을 갖춘 타원형의 큰 것이며, 1시간에 2000잔 분량의 커피를(포트 단위로) 추출했다고 전해진다. 원리는 증기압으로 더운 물을 타워의 상부에 밀어 올린 후 낙차로 더운 물의 중량을 이용해 타워 하부의 커피가루에 통하는 방법이다. 현재의 맨션 옥상에 있는 급수 탱크의 구조로 수돗물에 압력을 가하는 방법과 같은 원리이다. 이 기계는 주목을 끌기는 하였으나 너무 크고 복잡하여 결국 상용화되지는 못했다.

뒤이어 이를 개량 · 발전시킨 사람은 베제라Luigi Bezzera라는 이탈리아인으로 1901년에 증기압을 이용한 업무용 기계의 특허를 처음으로 취득했다. 1906년에 밀라노에서 개최된 박람회에서 베제라의 기계에 의한 커피가 제공되고 있는 사진이 남아있는데, 그 간판에 이미 'CAFFE ESPRESSO' 라고 쓰여 있는 것으로 보아 그가 이미

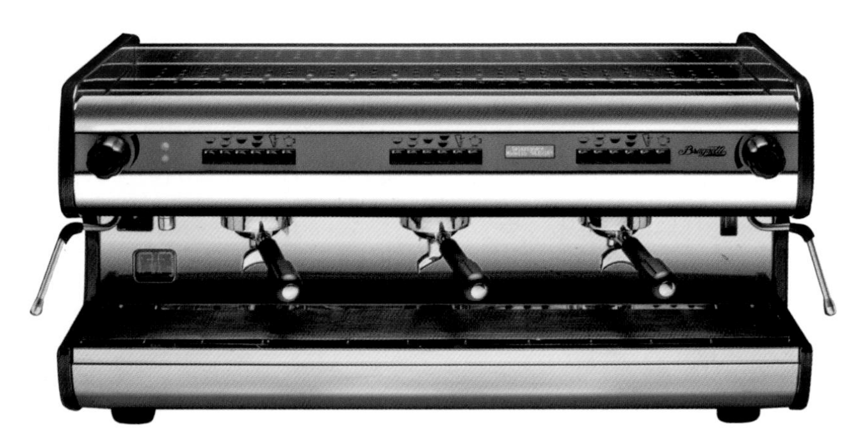

에스프레소 머신

이 커피를 에스프레소라고 부르고 있었음을 알 수 있다.

베제라의 기계의 가장 큰 특징은 데산테의 기계와 같이 포트 단위로 커피를 추출하는 것과는 달리, 커피가루를 채우는 필터 홀더로부터 추출된 한 잔 또는 두 잔의 커피를 직접 컵에 담는다는 점이다. 그가 초기에 사용한 필터 홀더 및 추출을 컨트롤 하는 밸브의 구조는 현재의 에스프레소 머신에도 답습되고 있다. 한편 현재의 에스프레소와 동일한 방식의 기계는 1946년 이탈리아인 가기아Achile Gaggia에 의해 발명되었으며, 이 기계는 최초의 펌프식 에스프레소 머신이다.

그 이후 전동 펌프의 실용화에 의해서 에스프레소 머신의 전자화에 의한 자동화가 급속히 진행되었다. 우선 추출 개시와 종료의 조작은 레바식에서 스위치식으로 바뀌어 완력이나 미묘한 손대중에 의지하는 일 없이 에스프레소의 추출을 할 수 있게 되었다. 다음에 추출을 자동 종료하는 기능이 붙어, 사용자는 어느 타이밍에 추출을 멈출까 하는 판단으로부터 해방되어 가루를 세팅하고 추출 버튼을 누르기만 하면 되는 것이다.

커피가루를 채울 때의 분량과 탬핑에 대해서는 수작업이었지만, 1980년대에는 그것들도 자동화되어 스위치 하나로 자동적으로 원두를 분쇄하고 필터에 가루를 채워 지정된 양만을 추출한 후 사용이 끝난 가루를 버리는 전자동 머신이 사용되었다. 일부 기종은 우유 거품까지 자동으로 만들어 버튼 하나로 카푸치노나 카페라떼를 만들 수 있게 되기에 이른 것이다.

그러나 그렇다고 해서 전자동 머신이 시장을 장악한 것은 아니다. 레바 피스톤식의 이른바 수동식 머신도 뿌리 깊은 지지를 받고 있고, 여러 가지 타입의 반자동 머신(추출의 개시와 종료는 수동으로 실시하는 머신, 커피의 가루 세트는 수동으로 실시하는 머신, 밀크는 수동으로 거품이 일게 하는 머신)이 많이 이용되고 있다. 머신의 자동화가 진행되는 만큼 '누구라도 안정된 에스프레소를 만들 수 있다'는 장점이 있는 반면, 추출 상태에 따라서 미세한 조정을 할 수 없으며, 바리스타의 솜씨를 따라갈 수 없고, 개개인 손님의 원하는 바에 응할 수 없다는 단점이 있기 때문이다. 거기에 덧붙여 자동 머신은 반자동에 비해 기계의 가격뿐만 아니라 유지비가 비싸다는 것도 수동식 머신을 지지하는 이유 중의 하나이다. 따라서, 숙련된 바리스타의 층이 두텁고 인건비도 비교적 싼 지역에서는 수동식 머신이 주로 사용되나 숙련된 바리스타의 층이 얇고 인건비도 비싼 지역에서는 자동식 머신의 보급이 더욱 활발하다고 할 수 있겠다.

이탈리아에서는 터키쉬 커피의 영향으로 강배전된 원두가 선호되는 반면 미국에서는 차의 영향으로 묽은 아메리칸 스타일과 2차세계대전 중에 도입된 인스

수동 에스프레소 머신

턴트 커피가 주를 이루고 있었다. 그 이후 60~70년대에 이르기까지 활발한 유럽 여행으로 미국인들도 에스프레소에 익숙해지기 시작하였으며, 1980년대에는 시애틀을 중심으로 에스프레소는 거리의 가판에서 판매되기에 이르렀다. 그러나 무엇보다도 피츠Peet' s coffee Company의 강배전에 매료된 스타벅스의 등장은 에스프레소 판매를 미국내에서 본격화하는 계기가 되었다. 한편 1990년대 말부터 한국에서도 에스프레소가 도입된 현재에 이르기까지 하나의 문화로서 굳건히 그 뿌리를 내리고 있다.

## 에스프레소 머신의 구조적 이해 및 용어

에스프레소 머신의 내부 구조는 여러 기술들의 집합체로 이루어져 있는데 간단히 보면 물을 데우는 보일러와 물의 양을 조절하는 모터가 주된 구조이다. 에스프레소 머신은 크게 수동식과 자동식으로 구분되고, 자동식은 반자동과 완전 자동식으로 다시 나뉘어진다. 수동식은 단순한 on/off 기능만을 가지고 있는 머신을 말하고 반자동은 수동식의 기능에 프로그램을 입력할 수 있는 기능이 추가된 방식이다. 완전 자동식은 반자동의 기능에 그라인드의 기능까지 추가된 것이다. 원터치로 에스프레소를 추출할 수 있는 방식인 것이다.

에스프레소는 커피를 전용의 기구를 사용해 일정한 압력(9bar)을 가해 단시간(25~30초)에 추출하는 커피이다. 커피를 커피 담는 필터(포타 필터)에 넣고 이 필터를 기계에 장착시킨 후, 뜨거운 물 공급 버튼을 누르면 커피 사이로 뜨거운 물이 일정한 압력으로 빠져나갈 때에 커피의 성분이 뜨거운 물에 녹는 과정이다.

예를 들면 페이퍼 필터를 사용하는 드립 커피의 경우, 뜨거운 물은 원두커피의 분말의 사이를 빠져나가 필터 아래의 용기에 떨어진다. 이때에 뜨거운 물에 의해 커피분말은 팽창하게 되고 그 사이를 물이 빠져 나가면서 용해시켜 추출되는 것이다.

하지만 에스프레소의 경우, 뜨거운 물의 증기압 8~9bar 더해 강제적으로 원두커

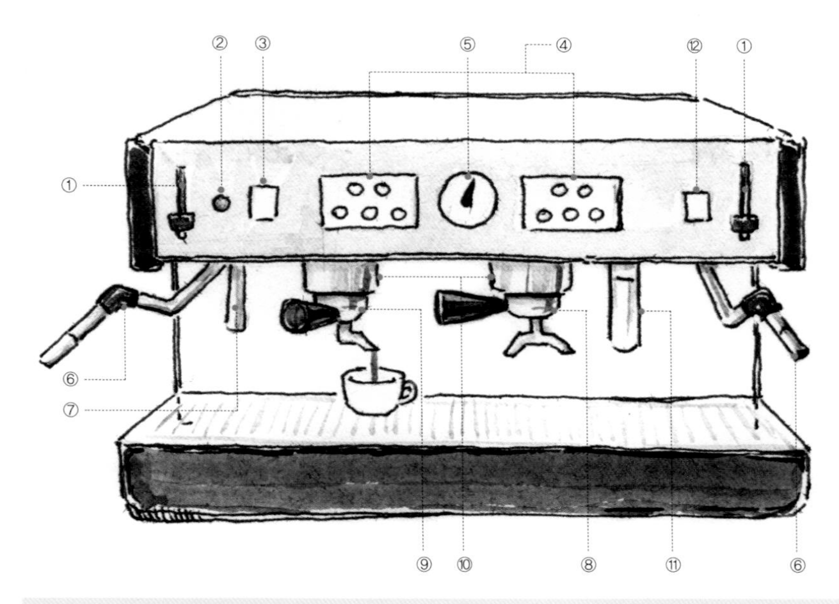


① 스팀 밸브, ② 온수 표시등, ③ 온수 추출 스위치, ④ 추출 버튼 패널, ⑤ 보일러 압력 측정계, ⑥ 스팀 분사기, ⑦ 온수 꼭지, ⑧ 포타 필터(더블), ⑨ 포타 필터(싱글), ⑩ 그룹 헤드, ⑪ 수량 측정계, ⑫ 작동 스위치

피의 분말 사이를 빠져나가게 한다. 그러한 이유 때문에 에스프레소 머신을 사용하는 것이다.

## 에스프레소 추출

**물**

앞에서도 설명했 듯 한 잔의 커피 중 99 %는 물이다. 따라서 맛있는 한 잔의 커피를 위해서는 커피 머신에 공급되는 물이 무엇보다도 깨끗하고 순수해야 한다. 만약 커피를 위해서 수돗물을 사용한다면 수돗물에 포함되어 있는 염소 성분이 커피의

깨끗하고 신선한 물

맛과 향을 해칠 우려가 있기 때문이다. 따라서 에스프레소 머신에는 이 염소성분에서 발생하는 냄새를 제거하기 위해 카본 필터(활성탄 필터)를 사용한다. 그리고 수돗물에 포함되어 있는 이물질과 녹 등을 걸러주는 프리 필터의 설치 또한 필요하다.

한편 칼슘과 마그네슘 염류를 다량으로 함유하고 있는 물을 경수라 하고 이러한 염류 함유량이 적은 물을 연수라 한다. 즉, 경수란 빗물 또는 석회암층에서 다량의 칼슘 성분과 금속 이온이 녹아 함유된 물을 의미한다. 이 물을 기계에 그대로 사용하면 커피의 맛뿐만 아니라 보일러와 히터를 상하게 할 수 있다. 따라서 경수를 연수로 바꾸기 위해 카본 필터와 프리 필터뿐만 아니라 연수기까지 설치하는 것이 좋다.

**커피**

커피는 볶은 지 오래되지 않은 신선한 커피를 사용하되, 에스프레소용으로 배합된 것을 사용하는 것이 좋다. 스트레이트의 경우 원하는 묵직함이나 맛을 표현해내

볶은 커피의 보관

지 못하며 바디감이 좋으면 산뜻한 맛이 부족하고, 신맛이나 쓴맛 그 어떤 부분에 만 치우쳐 에스프레소로 충분하지 못한 맛을 연출한다. 또한 사용하는 커피의 양이 지나치게 많거나 적을 경우에도 적절한 추출을 이루어낼 수 없다. 따라서 이때 사용되는 커피의 양은 에스프레소 싱글 한 잔(30ml)에 7~9g 정도가 적당하다.

**분쇄**

분쇄는 물만큼이나 에스프레소 추출에 있어서 중요하다. 커피가 지나치게 굵게 분쇄되면 추출되는 시간이 빨라 제대로 성분을 뽑아내지 못해 밋밋하고 맛없는 에스프레소가 만들어진다. 반면 지나치게 곱게 분쇄될 경우에는 물이 커피를 통과하는 시간이 느려 너무 진하고 쓴 에스프레소가 된다. 또한 지나치게 굵게 분쇄될 경우 커피 입자의 크기로 인해 포타 필터가 그룹헤드에 적절히 장착되지 않고 지나치게 빡빡하며 크레마의 형성도 적절하지 못하다. 반면 지나치게 곱게 분쇄되면 커피가 떨어지는 속도가 길어 크레마가 적을 뿐만 아니라 쓰고 독하기만 한 커피가 된

분쇄기의 분쇄 정도

분쇄기

다. 따라서 분쇄 정도의 적합성을 추출하기 위해서는 추출되는 시간을 체크할 뿐만 아니라 에스프레소의 맛 또한 점검해야 한다.

**탬핑**

위의 모든 작업이 완성되면 커피를 필터에 담아 다지는 작업이 필요한데 이를 탬핑Tamping이라 한다. 때때로 이 탬핑 과정을 소홀히 하는 경우가 있는데 탬핑은 커피의 맛을 좌우하는 중요한 부분 중 하나이다. 탬핑이 서툴면 커피가 추출되는 시간이 짧아지기도 하고 길어지기도 하여 커피의 맛에 치명적인 손상을 입히게 된다.

우선 탬핑을 하기 전 포타 필터가 따뜻하게 보온되어 있는지, 필터 안에 남아 있는 커피의 찌꺼기가 있는지 확인해야 한다. 필터가 차가우면 커피가 추출되는 과정에서 맛이 변하기 쉬우며, 필터에 이전에 추출한 커피의 찌꺼기가 남아 있으면 새로이 추출되는 커피의 맛에 영향을 주게 된다. 따라서 필터를 따뜻하게 데우고 필터 안을 깨끗이 닦아낸 후 커피를 홀더에 담고 평평하게 고른 다음 탬퍼Tamper로 꾹 눌러준다. 이 과정에서 눌러지는 커피가 어느 한쪽으로 기울지 않고 수평을 이루도록 해야 한다. 만약 한쪽으로 커피가 기울게 되면 내려오는 물이 기울어진 곳으로 흐르는 양이 많아 양쪽으로 추출된 커피의 맛이 일정하지 않게 된다. 탬퍼로 커피

탬핑

를 누를 때 필요한 힘은 일반적으로 약 5kg 정도가 적당하다. 탬핑을 하고 나면 필터의 위 벽쪽으로 삐져나온 커피가 생기는데 이때에는 탬퍼의 뒷부분으로 포터 필터를 툭툭친 후 다시 눌러주면 된다.

에스프레소가 추출되는 바람직한 시간은 커피 한 잔당 25~30초 정도이며 이렇게 재대로 내려진 커피는 걸쭉하고 묵직하다. 그러나 만약 커피의 추출이 지나치게 빠를 경우 분쇄를 좀 더 가늘게 하거나 탬핑의 강도를 높이거나 커피의 양이 적절한지를 확인한 후 커피의 양을 늘릴 수 있다. 반대로 너무 느리게 추출이 될 경우는 조금 더 굵게 분쇄하거나 전 회보다 탬핑을 약하게 하거나 커피의 양을 조절할 수 있다. 이렇게 잘 만들어진 에스프레소는 데미타스 잔의 맨 위에 3~4ml의 황금색 거품인 크레마가 형성된다.

**크레마**Crema

크레마는 단열층의 역할을 하여 커피가 빨리 식는 것을 막아주고, 커피의 향을 함유하고 있는 지방 성분을 많이 지니고 있어 보다 풍부하고 강한 커피향을 느낄 수 있게 해 주며, 그 자체가 부드럽고 상쾌한 맛을 지니고 있어 에스프레소에 있어서 매우 중요하다.

크레마가 좋은 에스프레소 커피를 만들려면 신선한 원두, 좋은 에스프레소 추출기, 적절한 분쇄 정도, 적절한 탬핑, 신선하고 깨끗한 물이 꼭 필요하다. 크레마 색으로도 에스프레소의 완성도를 알 수 있는데 색깔은 밝은 갈색이면 좋다. 크레마의 양은 3~4ml 정도로 설탕 한 스푼을 넣었을 때 바로 가라앉지 않고 잠시 크레마 위에 얹혀 있다가 떨어지면 적당하다고 볼 수 있다. 크레마는 추출 후 점차로 없어지기 시작하는데 3분 이상 거품이 쌓여 있는 것이 잘 만들어진 것이며 만약 빛깔이 연하고 거품의 밀도가 낮은 것이면 추출 커피양이 적었다는 뜻이 되고, 너무 어두운 계열이나 밀도가 높으면 추출 커피양이 많았다는 뜻이 된다.

**에스프레소 머신**

전문적인 에스프레소 추출의 경우 충분한 용량의 보일러가 장착되어 있는지, 압력 또한 적당한지를 확인해야 한다. 이때 요구되는 압력은 9기압이며 에스프레소를 위해 필요한 물의 온도는 88~92℃ 정도가 적당하다.

거품 내기

# 우유 거품 내기

### 준비

우유 거품을 내기 위해서는 전용 스팀 피쳐가 필요하다. 컵이나 유리제품을 쓸 수도 있으나 가급적이면 손으로 온도를 감지할 수 있는 스테인레스 용기를 선택하는 것이 좋다. 그렇지 않으면 온도계를 꽂아 사용하지 않을 경우 온도가 지나치게 낮거나 높아 제대로된 거품을 만들 수가 없다. 용기의 크기는 한번에 만들고자 하는 우유 거품의 양에 의해 결정되는데 한 두잔 분량의 경우 500ml 정도의 용기면 충분하다. 피쳐에 넣는 우유의 양은 용기의 1/3 정도가 적당하며 우유의 양이 피쳐의 반 이상을 넘을 경우 우유가 넘치거나 원하는 만큼의 충분한 거품을 만들 수가 없다. 우유를 따르는 주둥이 부분은 각이 진 것과 둥그스름한 것이 있는데 라떼아트와 같이 아름다운 그림을 그리려면 각이 진 것을 선택하는 것이 좋다.

우유는 날짜가 지나지 않은 신선한 것을 사용하는데, 저지방 우유보다는 지방 성분이 적당히 들어 있는 것이 카푸치노의 맛을 더욱 고소하게 만든다.

### 우유 거품을 내는 방법

a. 우유를 용기에 따른다. 준비된 깨끗하고 차가운 스팀 전용 피쳐에 가능한 한 차게 한 신선한 우유를 1/3 정도 채운다.

b. 증기를 품어준다. 거품이 일게 하기 전, 증기가 통과하는 관과 노즐은 실온의 상태로 차가워져 있다. 따라서 스팀 개시 직후의 증기는 관과 노즐의 온도차에 의해 물방울이 생기게 된다. 따라서 거품을 내기 전 스팀을 방출해 관과 노즐을 충분히 따뜻하게 해 두지 않으면 우유가 물방울로 인해 엷어져 버린다. 스팀을 방출할 때에는 물방울이 튀지 않도록 기계 안쪽으로 밀어 넣은 다음 기계에서 조금 떨어진 상태에서 스팀 밸브를 트는 것이 좋다. 간혹 수건으로 노즐을 잡은 상태에서 스티밍을 하는 경우를 볼 수 있는데 이는 손에 화상을 입을 우려가 있으므로 위험하다.

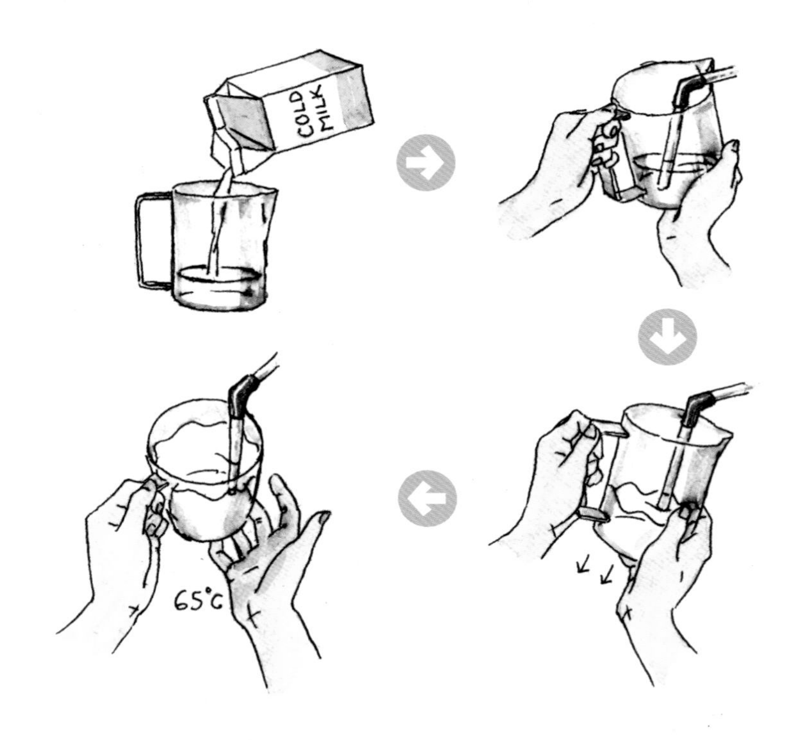


c. 스팀 노즐을 우유에 충분히 담근다. 오른손잡이일 경우 왼손으로 우유가 든 피쳐의 손잡이를 잡고 노즐을 우유 안쪽으로 푹 담근다. 노즐이 우유 표면에 닿는 것이 원칙이나 한손으로 표면을 가늠하기 어려울 뿐만 아니라, 용기가 우유의 표면에서 떨어져 있을 경우 그 떨어진 간격으로 인해 우유가 사방으로 튈 우려가 있다.

d. 스팀 밸브를 연다. 피쳐를 잡지 않은 손으로 밸브를 연다. 머신의 종류에 따라 돌아가는 밸브의 정도가 다르므로 필요한 스팀 정도를 사전에 확인한 후 적당히 돌린다. 이때 지나치게 스팀이 약하면 제대로 거품이 생성되지 않으며 지나치게 강하면 우유를 튀게 할 우려가 있으니 통제가 가능한 범위에서 충분히 강하게 열어주는 것이 좋은 거품을 만들게 한다.

e. 노즐을 우유 표면으로 끌어 올린 다음 원하는 만큼의 거품을 만든다. 온도계가

없다면 밸브를 열자마자 그 손을 재빨리 피쳐의 바닥부분에 옮겨놓고 노즐을 우유 표면에 닿게 끌어올린다. 표면에 닿아 있는지를 알기 위해서는 소리에 귀를 기울인다. '칙칙' 하는 조용하고 기분 좋은 소리를 내면 적당한 위치에 닿아 있는 것이며 '웅' 혹은 '부르릉' 거리는 시끄러운 소리를 내면 노즐이 우유에 너무 깊숙히 들어가 있다는 뜻이다. 또한 노즐이 우유 표면에 떠 있는 경우 우유가 튀게 된다. 노즐이 적당한 위치에 닿으면 당분간 그 상태를 유지해 공기를 우유 내부에 포함시킨 다음 조금씩 노즐을 위로 올려 거품이 충분히 생성되도록 한다.

f. 거품의 수위가 충분히 올라오면 노즐을 피쳐의 벽면 가까이 수직에서 아래로 내린다. 원하는 만큼의 거품이 생성되면 가능한 스팀 피쳐의 벽면에 수평이 되게 붙인다. 아래쪽에 우유로 남아 있는 부분까지 노즐을 밀어 넣고 우유가 둥글게 원을 그리며 소용돌이를 만들어 우유를 원하는 온도에 맞출 뿐만 아니라 가능한 고운 거품이 최대한 많이 생기도록 한다.

g. 밸브를 잠근다. 만약 온도계를 사용하고 있다면 65℃를 넘은 시점에서, 그렇지 않으면 용기에 대고 있던 손이 '앗 뜨거' 하고 피쳐에서 떼어지는 그 순간에 밸브를 잠근다. 용기에 스팀 노즐을 담근 채 머신 위에 내버려 두거나 손으로 온도를 확인하지 않는 것은 절대 금물이다.

h. 노즐을 청소한다. 스팀 밸브를 잠그고 노즐을 빼는 순간 곧바로 노즐을 깨끗한 젖은 수건으로 닦아낸다. 곧바로 닦아내지 않으면 뜨거운 관 때문에 우유가 달라붙어 말라버리게 된다. 이는 노즐의 구멍을 막히게 하는 원인이 되어 고장을 일으킨다. 따라서 노즐을 청소하고 스티밍을 해 내부에 남은 우유를 방출해내고 또 닦아내는 작업을 한두 번 반복함으로써 다음 사용을 대비한다.

i. 컵에 따른다. 행주가 깔린 바닥에 용기의 바닥을 톡톡 쳐서 굵은 거품을 가라앉히고 피쳐를 잡고 원을 그리며 돌리면 큰 거품들이 사라지게 된다. 그래도 남은 거품이 있으면 숟가락으로 떠서 버리고 곱고 부드러운 거품만을 사용해 추출된 에스프레소 위에 부어 마끼아또, 카푸치노, 라떼, 모카 등의 메뉴를 만든다.

**Tip. 우유 거품 낼 때 주의할 점**

- 우유는 항상 유효 기간을 확인하고 냉장고에 보관한다.
- 우유는 절대 70℃ 이상 데우지 않으며, 과열된 우유는 버리고 피쳐를 헹궈야 한다.
- 한번 사용한 우유는 다시 쓰지 않는다. 그래도 아까우면 차게 식혀 연습용 정도로만 사용한다.
- 노즐에 남아 있는 우유를 닦는 행주는 항상 깨끗한 것을 사용하고 중간 중간 깨끗이 빤다. 절대 바닥에 내려놓지 않아야 하며, 노즐 위쪽에 위치한 머신에 올려두어 다른 행주와 구별한다. 이미 사용한 행주는 버리고 새로운 것으로 교체하거나 다시 사용할 경우 반드시 매일 깨끗이 삶아 바싹 말린 후 사용한다.
- 그리고 무엇보다도 중요한 것은 에스프레소와 우유 거품을 만드는 순서이다. 우선 스팀 피쳐에 우유를 담고, 커피를 탬핑한 후 머신에 끼워 에스프레소 추출 버튼을 누른다. 버튼을 누른 동시에 담아둔 우유의 거품을 낸다. 이렇게 하면 에스프레소가 뽑아지는 시간과 우유가 데워지는 시간이 일치한다. 에스프레소가 뽑아진 채로 남아 있을 필요도 없으며 우유가 거품과 분리될 필요도 없다.

# 에스프레소로 맛있는 응용 커피 만들기

- 에스프레소 싱글Single, 솔로Solo: 7~9g의 원두로 한 잔에 25~30ml 추출한다.
- 에스프레소 더블Double, 도피오Doppio: 14~18g의 원두로 50~60ml 추출한다.
- 룽고Lungo: 한 잔 분량의 커피를 넣고 50ml 추출한다.
- 리스트레토Ristretto: 한 잔 분량의 커피를 넣고 20ml 추출한다.

Con Panna

Espresso Single

- 콘빠나Con Panna: 에스프레소 위에 휘핑크림을 얹은 커피로 데미타스 잔에 제공된다.
- 카페라떼Cafe Latte: 에스프레소 싱글에 데운 우유를 붓고 위에 거품을 살짝 얹는다.

※ 카페오레는 드립으로 내리는 반면 라떼는 에스프레소로 만든다.

- 에스프레소 마끼아또Espresso Macchiato: 에스프레소 위에 우유 거품을 살짝, 얼룩이 지듯 혹은 점을 찍듯 얹은 커피로 데미타스 잔에 제공된다.

Cafe Latte

Espresso Macchiato

- 아메리카노Americano: 뜨거운 물에 에스프레소를 넣어 머그컵에 제공하는 묽은 블랙커피로 유럽에서 미국인의 입맛에 맞추어 고안된 커피이다. 원하는 농도에 따라 에스프레소를 싱글 혹은 더블로 넣으며 뜨거운 물 위에 에스프레소를 추출하는 것이 좋다.

Cafe Mocha

• 카페모카Cafe Mocha: 300ml의 유리잔에 에스프레소를 2shot(60ml) 넣고 150ml의 데운 우유를 넣은 후 휘핑크림을 2Scoup넣고 초코소스로 장식한다.

• 카푸치노Cappuccino: 기본적인 비율은 에스프레소 싱글에 데운 우유와 거품을 1 : 1로 넣는 것이 원칙이나 잔의 사이즈와 원하는 농도에 따라 커피와 우유 및 거품의 양이 달라진다. 기호에 따라 계피가루나 초콜릿 가루를 뿌려준다.

Cappuchino

• 아이스 아메리카노Iced Americano: 420ml의 유리잔에 얼음 11개를 넣고, 얼음을 채운 볼(쉐이커)에 에스프레소 60ml와 찬물 30ml를 넣어 섞은 후 얼음을 넣어 유리잔에 붓는다.

• 아이스 에스프레소Iced Espresso: 250ml의 유리잔에 얼음 7개를 넣고, 얼음을 담은 볼에 에스프레소 2shot을 넣어 쉐이킹한 커피를 부어 서빙한다.

Iced Espresso

• 아이스 카페모카Iced caffe mocha: 420ml의 유리잔에 얼음 11개를 넣고 찬 우유 150ml를 붓는다. 그 위에 에스프레소 2shot에 설탕 10g, 초코시럽 2/3oz, 초코파우더 2/3oz를 넣어 잘 섞은 후 붓고, 휘핑크림을 2Scoup 올린 후 초코소스로 장식한다.

• 아이스 라떼Iced Latte: 420ml의 유리잔에 얼음 11개를 넣은 후 찬 우유를 100ml 붓고 에스프레소를 2shot 넣는다. 이때 찬 우유 거품을 2~3ml 정도 얹으면 좋다.

Iced Latte

# 부록

## 현대인의 이슈, 유기농 커피와 페어 트레이드

오가닉Organic 커피(유기농 커피)는 한마디로 제초제, 살충제와 같은 화학약품을 사용하지 않은 커피를 말하는데 유기농 커피를 인정하는 인증서를 받기 위해서는 각 재배 단계마다 담당 기관의 검사를 통과해야만 한다. 그러나 에티오피아 커피와 같이 야생으로 자라는 커피들의 경우, 인증서는 받지 못했으나 화학약품을 사용하지 않은 면에 있어서는 유기농 커피이다. 이때 화학약품을 사용하지 않은 땅은 비옥하여 오랫동안 건강하게 커피를 생산해낼 것이며, 이는 지구 환경을 보호할 수 있어 지속성 있는 농업Sustainable agriculture을 가능하게 한다. 또한 다양한 종류의 나무를 계단식 땅에 심음으로써 커피는 키 큰 나무의 그늘에서 자라 지나치게 뜨거운 태양으로부터 보호된다. 특히 전통적이고 오래된 종자들이 그늘경작Shade grown을 필요로 한다. 위와 같은 그늘경작에는 둥지를 틀 수 있기 때문에 새들이 날아온다. 이 새들은 커피나무에 있는 벌레들을 잡아먹어 병충해를 막으며 유기재배가 가능해지게 한다.

그렇다면 왜 오가닉Organic인가? 오가닉 커피란 재배과정뿐만 아니라, 운송과 저장 및 로스팅의 전 과정에서 인공적으로 비료 및 살균제 일체를 사용하지 않은 커피를 의미한다. 사실상 커피는 껍질과 펄프, 은피로 겹겹이 둘러 싸여 있을 뿐만 아니라 200℃가 넘는 불에 로스팅 되고, 80~90℃가 넘는 뜨거운 물에 의해 추출되기 때문에 우리가 마시는 커피는 화학약품으로부터 대체로 안전하다고 볼 수 있다. 따라서 자신의 몸을 생각한다면 굳이 오가닉 커피를 고집할 필요는 없다. 오히려 오가닉 커피는 다음의 몇가지 이유들로 인해 필요하다 하겠다.

첫째, 농부들의 건강에 대한 고려이다. 화학약품에 직접적으로 노출이 되는 농부들과 그들의 가족, 그들의 땅과 물에 대한 고려인 것이다.

둘째, 환경에 대한 문제이다. 오가닉 커피는 일반적으로 작은 가족 소유의 농장에서 재배되어진다. 수백 종의 이주 하는 새Song bird들의 서식지인 다양한 나무들 아래에서 재배되는데, 이 새들은 커피 농사를 망치는 곤충과 해충을 막아 주는 자연적인 방어물 역할을 한다. 특히 그늘을 만드는 나무Shade tree들은 생물의 다양성을 보존하고 땅의 부식을 막을 뿐만 아니라 커피나무에 필요한 질소를 조정Fixing하기도 한다. 이 그늘 나무들은 밸런스Balance가 제일 중요한데 비가 많이 오는 지역에 그늘을 만드는 나무가 밀집되어 있으면 오히려 커피를 망칠 우려가 있기 때문이다. 새들의 번식지가 없어지고 천적들이 사라지면 해충들이 늘어나고 자연적으로 살충제를 뿌리게 된다. 이 화학약품의 일부는 노동자들의 폐에 들어가고 나머지는 살포되어 흩어진 후 식물들과 동물들에게 흡수되거나 물에 씻겨 내려간다.

일반적인 커피와 비교하면, 예외적으로 진정 좋은 맛의 오가닉 커피를 발견하기가 쉽지 않다. 그런 반면 오가닉이란 이유만으로 커피의 형편없는 질에도 불구하고 비싼 값으로 팔리는 일도 비일비재하다. 이는 화학약품이 커피의 맛을 좋게 하는 것이 아니라, 재배되는 오가닉 커피의 종류가 워낙 적기 때문이다. 그러나 최근 오가닉 커피에 대한 수요의 증가와 페어 트레이딩 운동이 맞물려 좋은 오가닉 커피의 생산이 늘어나고 있는 추세이다. 동티모르, 파푸아뉴기니, 페루, 과테말라, 멕시코, 수마트라, 코스타리카, 브라질 등 많은 나라에서 오가닉 커피를 재배하고 있으며 최근 점점 그 수가 늘어나고 있다.

페어 트레이딩이란 적절한 임금을 받지 못하고 있는 농부들에게 적당한 임금을 줄 뿐만 아니라, 무역조합에 가입할 권리를 주고, 농사와 공장에서 일하는 일꾼들에게 환경적 보호와 최소한의 건강과 안전을 책임져 주는 것을 말한다. 영국의 옥스팜 같은 사회단체에서는 사회정의, 환경, 경제정의의 차원에서, 다국적기업에게 압력을 가하여 페어 트레이드 원두를 판매하게 하는 운동을 전개하기도 한다. 세계의 커피 생산량과 수요량에 따라 혹은 중간상인의 착취에 따라, 농부들은 땅과 집을 잃고 자녀 교육을 시키지 못하는 상황에 직면하게 된 것이다. 커피 값이 싸면 양질의 커피를 생산하는 농부들이 재배를 멈추게 되고 한편 커피 재배의 양이 줄어들면 다시 커피의 가격은 폭등하게 되어 농부들은 다시 커피를 재배하게 되는 불균형적인 순환이 계속되는 것이다.

# 참고 문헌

김영식, 『ESPRESSO 정통 에스프레소 커피메뉴 100 % 따라잡기 상 · 하』, SEOUL COMMUNE, 2005

박한종 역, 『커피향을 아는 여자 커피 맛을 아는 남자』, 황금부엉이, 2004

김성윤, 『커피이야기(살림지식총서 089)』, 살림, 2004

강주헌 역, 『카페의 역사』, 효형출판, 2002

문준웅, 『커피와 차』, 현암사, 2004

김준, 『커피(잘먹고 잘사는 법 047)』, 김영사, 2004

이영민, 『커피트레이닝』, 아이비라인, 2003

임희근 역, 『잭 아저씨네 작은 커피집』, 김영사, 2003

채운정 역, 『카페하우스의 문화사』, 에디터, 2002

최내경, 『파리예술카페기행』, 성하출판, 2004

한승환, 『커피 좋아하세요?』, 자유지성사, 2001

권장하,『바리스타의 길』, 미스터 커피 SIC 출판부, 2003

박광식 역, 『설탕, 커피 그리고 폭력』, 심산문화, 2003

박은영 역, 『카페의 역사』, 우물이 있는 집, 2002

강현주 역, 『커피(창해 ABC북 006)』, 창해, 2001

여동완 · 현금호, 『커피』, 가각본, 2004

이광주, 『베네치아의 카페 플로리안으로 가자』, 다른세상, 2001

______, 『동과 서의 차 이야기』, 한길사, 2004

______, 『유럽 카페 산책』, 열대림, 2005

이문희 역, 『커피 위즈덤』, 서울문화사, 2004

송은경 역, 『커피이야기』, 나무심는사람, 2003

하유진 역, 『탁자 위의 세계』, 지호, 2002

이창신 역, 『커피견문록』, 이마고, 2005

김라합 역, 『커피 향기』, 웅진지식하우스, 2006

강준만 · 오두진, 『고종 스타벅스에 가다』, 인물과사상사, 2005

서현정 역, 『암스테르담의 커피상인』, 대교베텔스만, 2007

Lefebure, Christophe, La France des Cafes et Bistrots, Editions Privat, 2000

Yerkes, Leslie A. & Decker, Charkes, 『Beans: Four Principles for Running a Business in Good Times or Bad』, San Francisco: Jossey- Bass, 2003

Junger, Wolfgang, Herr Ober, ein' Kaffee!, Munchen: Wilhelm Goldmann Verlag, 1995

Pomeranz, Kenneth, 『Theworld That Trade Created, society, culture, and the World Economy』, 1400 to the Present, 2000

Jacob, Heinrich Eduard, 『Coffee: The Epic of a Commodity』, Hans Joergen Gerlach, 2002

Stella, Alain, l' ABCdaire du Caf?, Paris: Flammarion, 1998

Cheung, Theresa, 『Coffee Basic』, Conari Press, 2003

Alvarez, Julia, 『A Cafecito Story』, 2001

Cohen, L.H., 『Glass, Paper, Beans』, 1997

Allen, Stewart Lee, 『The Devil' s Cup』, 1999

Rekel, Gerhard J, 『Der Duft Des Daffees』, Munchen: Deutscher Taschenbuch Verlag GmbH & Co., 2005

Liss, David, 『The Coffee Trader』, 2003

Banks, Mary & Mcfadden, Christine, 『The complete guide to Coffee: the bean, the roast, the blend, the equipment, and how to make a perfect cup』, Southwater, 2000

Ellis, Hattie, 『Coffee discovering, exploring, enjoying』, London: Ryland Peters & Small, 2002

Castle, Timothy J & Nielsen, Joan, 『The Great Coffee Book』, Berkeley: Ten Speed Press, 2002

Kummer, Corby, 『 The Joy of Coffee』, 2nd Ed, New York: Houghton Mifflin, 1997

Knox, Kevin & Huffaker, Julie Sheldon, 『Coffee Basics』, New York: Wiley, 1997

Petzke, Karl & Slavin, Sara, 『Espresso, culture & cuisine』, San Francisco: Chronicle Books, 1994

Thorn, Jon & Segal, Michael, 『The Connoisseur' s Guide to Coffee』, London: Apple Press, 2007

**빛깔있는 책들 203-35**

# 커피

글 | 조윤정 사진 | 김정열

발행인 | 김남석

초판 1쇄 | 2007년 12월 12일
초판 10쇄 | 2018년 07월 25일

발행처 | ㈜대원사
주　소 | 06342 서울특별시 강남구 양재대로 55길 37, 302호
전　화 | (02)757-6711, 6717~9
팩시밀리 | (02)775-8043
등록번호 | 제3-191호
홈페이지 | http://www.daewonsa.co.kr

Daewonsa Publishing Co., Ltd
Printed in Korea (2007)

ISBN | 978-89-369-0271-1 04590
ISBN | 978-89-369-0000-7 (세트)

# 빛깔있는 책들

## 민속(분류번호:101)

1 짚문화 | 2 유기 | 3 소반 | 4 민속놀이(개정판) | 5 전통 매듭
6 전통 자수 | 7 복식 | 8 팔도 굿 | 9 제주 성읍 마을 | 10 조상 제례
11 한국의 배 | 12 한국의 춤 | 13 전통 부채 | 14 우리 옛 악기 | 15 솟대
16 전통 상례 | 17 농기구 | 18 옛 다리 | 19 장승과 벅수 | 106 옹기
111 풀문화 | 112 한국의 무속 | 120 탈춤 | 121 동신당 | 129 안동 하회 마을
140 풍수지리 | 149 탈 | 158 서낭당 | 159 전통 목가구 | 165 전통 문양
169 옛 안경과 안경집 | 187 종이 공예 문화 | 195 한국의 부엌 | 201 전통 옷감 | 209 한국의 화폐
210 한국의 풍어제 | 270 한국의 벽사부적 | 279 제주 해녀 | 280 제주 돌담

## 고미술(분류번호:102)

20 한옥의 조형 | 21 꽃담 | 22 문방사우 | 23 고인쇄 | 24 수원 화성
25 한국의 정자 | 26 벼루 | 27 조선 기와 | 28 안압지 | 29 한국의 옛 조경
30 전각 | 31 분청사기 | 32 창덕궁 | 33 장석과 자물쇠 | 34 종묘와 사직
35 비원 | 36 옛책 | 37 고분 | 38 서양 고지도와 한국 | 39 단청
102 창경궁 | 103 한국의 누 | 104 조선 백자 | 107 한국의 궁궐 | 108 덕수궁
109 한국의 성곽 | 113 한국의 서원 | 116 토우 | 122 옛기와 | 125 고분 유물
136 석등 | 147 민화 | 152 북한산성 | 164 풍속화(하나) | 167 궁중 유물(하나)
168 궁중 유물(둘) | 176 전통 과학 건축 | 177 풍속화(둘) | 198 옛 궁궐 그림 | 200 고려 청자
216 산신도 | 219 경복궁 | 222 서원 건축 | 225 한국의 암각화 | 226 우리 옛 도자기
227 옛 전돌 | 229 우리 옛 질그릇 | 232 소쇄원 | 235 한국의 향교 | 239 청동기 문화
243 한국의 황제 | 245 한국의 읍성 | 248 전통 장신구 | 250 전통 남자 장신구 | 258 별전
259 나전공예

## 불교 문화(분류번호:103)

40 불상 | 41 사원 건축 | 42 범종 | 43 석불 | 44 옛절터
45 경주 남산(하나) | 46 경주 남산(둘) | 47 석탑 | 48 사리구 | 49 요사채
50 불화 | 51 괘불 | 52 신장상 | 53 보살상 | 54 사경
55 불교 목공예 | 56 부도 | 57 불화 그리기 | 58 고승 진영 | 59 미륵불
101 마애불 | 110 통도사 | 117 영산재 | 119 지옥도 | 123 산사의 하루
124 반가사유상 | 127 불국사 | 132 금동불 | 135 만다라 | 145 해인사
150 송광사 | 154 범어사 | 155 대흥사 | 156 법주사 | 157 운주사
171 부석사 | 178 철불 | 180 불교 의식구 | 220 전탑 | 221 마곡사
230 갑사와 동학사 | 236 선암사 | 237 금산사 | 240 수덕사 | 241 화엄사
244 다비와 사리 | 249 선운사 | 255 한국의 가사 | 272 청평사

## 음식 일반(분류번호:201)

60 전통 음식 | 61 팔도 음식 | 62 떡과 과자 | 63 겨울 음식 | 64 봄가을 음식
65 여름 음식 | 66 명절 음식 | 166 궁중음식과 서울음식 | 207 통과 의례 음식
214 제주도 음식 | 215 김치 | 253 장醬 | 273 밑반찬

## 건강 식품(분류번호:202)

105 민간 요법 181 전통 건강 음료

## 즐거운 생활(분류번호:203)

67 다도 68 서예 69 도예 70 동양란 가꾸기 71 분재
72 수석 73 칵테일 74 인테리어 디자인 75 낚시 76 봄가을 한복
77 겨울 한복 78 여름 한복 79 집 꾸미기 80 방과 부엌 꾸미기 81 거실 꾸미기
82 색지 공예 83 신비의 우주 84 실내 원예 85 오디오 114 관상학
115 수상학 134 애견 기르기 138 한국 춘란 가꾸기 139 사진 입문 172 현대 무용 감상법
179 오페라 감상법 192 연극 감상법 193 발레 감상법 205 쪽물들이기 211 뮤지컬 감상법
213 풍경 사진 입문 223 서양 고전음악 감상법 251 와인(개정판) 254 전통주
269 커피 274 보석과 주얼리

## 건강 생활(분류번호:204)

86 요가 87 볼링 88 골프 89 생활 체조 90 5분 체조
91 기공 92 태극권 133 단전 호흡 162 택견 199 태권도
247 씨름 278 국궁

## 한국의 자연(분류번호:301)

93 집에서 기르는 야생화 94 약이 되는 야생초 95 약용 식물 96 한국의 동굴
97 한국의 텃새 98 한국의 철새 99 한강 100 한국의 곤충 118 고산 식물
126 한국의 호수 128 민물고기 137 야생 동물 141 북한산 142 지리산
143 한라산 144 설악산 151 한국의 토종개 153 강화도 173 속리산
174 울릉도 175 소나무 182 독도 183 오대산 184 한국의 자생란
186 계룡산 188 쉽게 구할 수 있는 염료 식물 189 한국의 외래 · 귀화 식물
190 백두산 197 화석 202 월출산 203 해양 생물 206 한국의 버섯
208 한국의 약수 212 주왕산 217 홍도와 흑산도 218 한국의 갯벌 224 한국의 나비
233 동강 234 대나무 238 한국의 샘물 246 백두고원 256 거문도와 백도
257 거제도 277 순천만

## 미술 일반(분류번호:401)

130 한국화 감상법 131 서양화 감상법 146 문자도 148 추상화 감상법 160 중국화 감상법
161 행위 예술 감상법 163 민화 그리기 170 설치 미술 감상법 185 판화 감상법
191 근대 수묵 채색화 감상법 194 옛 그림 감상법 196 근대 유화 감상법 204 무대 미술 감상법
228 서예 감상법 231 일본화 감상법 242 사군자 감상법 271 조각 감상법

## 역사(분류번호:501)

252 신문 260 부여 장정마을 261 연기 솔올마을 262 태안 개미목마을 263 아산 외암마을
264 보령 원산도 265 당진 합덕마을 266 금산 불이마을 267 논산 병사마을 268 홍성 독배마을
275 만화 276 전주한옥마을 281 태극기 282 고인돌